计量学基本原理与计量管理

李 琛 扈 玲 陶博洋◎著

吉林科学技术出版社

图书在版编目（CIP）数据

计量学基本原理与计量管理 / 李琛，扈玲，陶博洋
著. -- 长春 ：吉林科学技术出版社，2022.11
ISBN 978-7-5578-9867-0

Ⅰ．①计… Ⅱ．①李… ②扈… ③陶… Ⅲ．①计量管
理 Ⅳ．①TB9

中国版本图书馆 CIP 数据核字(2022)第 201496 号

计量学基本原理与计量管理
JILIANGXUE JIBEN YUANLI YU JILIANG GUANLI

作 者	李 琛 扈 玲 陶博洋
出 版 人	宛 霞
责任编辑	穆 楠
封面设计	白白古拉其
幅面尺寸	185 mm×260mm
开 本	16
字 数	271 千字
印 张	12
版 次	2023 年 5 月第 1 版
印 次	2023 年 5 月第 1 次印刷

出 版 吉林科学技术出版社
发 行 吉林科学技术出版社
地 址 长春市净月区福祉大路 5788 号
邮 编 130118
发行部电话/传真 0431-81629529 81629530 81629531
81629532 81629533 81629534

储运部电话 0431-86059116

编辑部电话 0431-81629518
印 刷 北京四海锦诚印刷技术有限公司

书 号 ISBN 978-7-5578-9867-0
定 价 70.00 元

前　言

　　随着科学技术不断发展，人们对产品质量的要求越来越高，完美的产品质量给人类带来文明、舒适和幸福；产品质量失效或失控，会给人类带来痛苦和灾难。于是，以控制质量、预防和消除质量隐患为主要内容的技术监督很快发展起来。高质量，首先要有高标准。标准是衡量质量高低的基本依据，而各项标准的实施，又要以相应的计量检测和科学的计量管理为技术手段和管理基础。因此，标准化管理和计量管理又成为质量管理必不可少的基石和支柱。三者互为依存，相互促进，成为当代技术监督工作中三个主要的部分。实际上，技术监督就是依据国家法律、法规、规章、技术法规和标准，运用计量测试仪器和检测技术，对产品、过程、体系、人和组织的质量进行检测、审核或评价，从而做出是否合格的评定、认证、认可/注册活动过程。

　　本书从计量学基础入手，针对测量误差与不确定度、量值传递与量值溯源进行了分析研究；另外对计量工作规划及管理体系、计量器具及其管理及计量人员与机构管理做了一定的介绍；还对计量管理的信息化发展与建设及企业计量检测体系的建立与确认做了简要分析；旨在摸索出一条适合计量学及其管理工作创新的科学道路，帮助其工作者在应用中少走弯路，运用科学方法，提高效率。

　　笔者在撰写本书的过程中，得到了许多专家学者的帮助和指导，在此表示诚挚的谢意。由于笔者水平有限，加之时间仓促，书中所涉及的内容难免有疏漏之处，希望各位读者多提宝贵意见，以便笔者进一步修改，使之更加完善。

目　　录

第一章　计量学基础

第一节　计量学的相关概念及分类

一、计量学相关概念

在不引起误解的情况下，"计量学"可简称为"计量"，此时"计量"是指测量的理论和实践而不能仅仅是"一组操作"，讲到相应的"操作"，就是特定目的的测量，包括"检定""校准""定值""定度""标定"等。专门从事测量理论研究与应用工作的机构称为计量院、计量所、计量站、计量室等，其工作人员称为计量人员、计量检定人员等。

（一）测量

从定义上看，测量是以确定被测对象量值为目的的全部操作。如称体重、量血压等，对测量准确度要求不高。根据被测量或被测对象的复杂程度，测量可能是简单的操作，也可能是复杂的操作，整个过程是从明确或定义被测量开始，包括测量原理和方法的选定、测量标准和仪器设备的选用、控制影响量的取值范围、进行实验和计算，直到获得具有适当不确定度的测量结构，如激光频率的绝对测量、地球到月球的距离测量等。

测量的目的在于确定量值，这是测量定义的核心内涵，有别于其他操作的本质特征。测量的最终目标是把可测的量与一个数值联系起来，使人们对物体、物质和自然现象的属性进行认识和掌握，达到从定性到定量的转化。

（二）计量学

现代计量的操作过程中，不同的量或不同量值的同一种量，根据其特点和准确度要求不同，要应用相应的测量原理和测量方法，选用不同的测量器具和数据处理方法，即现代计量是一门科学，称为计量学。国际计量局（BIPM）、国际电工委员会（IEC）、国际标准化组织（ISO）、国际法制计量组织（OIML）、国际临床化学和实验医学联合会（IFCC）、国际理论化学和应用化学联合会（IUPAC）、国际理论物理和应用物理联合会（IUPAP）联合制定的《国际通用计量学基本术语》中，定义计量学为有关测量的知识领域，包括有关测量的所有理论与实践的各个方面而不考虑测量的准确度如何，以及它在什么科学技术领域内进行。

"计量"是"计量学"的简称，是研究测量的科学，计量是保证测量实现单位统一和量值准确可靠的一门科学。

随着科学技术的发展，计量学成为一门研究测量理论和实践的综合性学科，它和物理学的各分支学科、化学、天文学、环境科学以及法学紧密结合、互相渗透，成为这些学科的基础和前沿。

（三）计量

计量是为实现单位统一、量值准确可靠的活动，它涉及整个测量领域，并按法律规定，对测量起着指导、监督、保证的作用。

由于计量也是两种物质的直接或间接的比较过程，从这一意义上说，计量是测量的组成部分。不同的是：一般的技术测量是指用已知的标准单位对不明量值的物质进行比较，以求得该物质的数量。测量的任务是给出明确的数量概念。而计量是指用标准器具对已知量值的同类量进行比较，实现正确的测量。其任务是对测量结果给出可靠性概念，起到统一量值的作用，从技术上保证测量结果的准确和一致，在数量上和质量上正确地反映客观物质的真实情况，使人们得到一个正确的认识。可以说，计量是一种特定的测量，进行计量不仅是为了确定量值，以比较量的大小，而且也是为了统一量值。

（四）测试

"测试"是一种试验研究性的测量。测试的范围很广，这往往是对一种新事物在没有固定成熟的单位量值或测量手段和测量方法的情况下进行的一种探索性的测量。有的测试项目可用现有的计量手段，即利用已有的基准器、标准器去解决；有的测试项目需要研究一些新的测试技术、测试方法或测试手段去解决。从历史的发展来看，人们要获得对客观物质数量方面的认识，一般都是先从测试开始，经过反复的试验和多种方法的比较，然后形成一种公认的、标准的单位量值或最妥善的测试方法和手段。利用确定的单位量值、手段和方法，求得某一物质的数量认识的活动称为测量。

计量、测量、测试三者有密切的关系。计量是搞好测量的保证，测量是计量效果的具体体现，计量为测试研究提供基础条件，测试为计量开拓新的领域，提供新的技术手段和方法，测试是测量工作的先导，测量是测试工作的成熟化、固定化。

二、计量学研究的内容

从学科发展来看，计量学本是物理学的一部分，或者说是物理学的一个分支。随着科学技术、经济和社会的发展，计量学的领域和内容也在不断地扩展和充实，逐渐形成了一门研究测量理论与实践的综合性学科。特别是计量学作为一门科学，它同国家法律、法规和行政管理紧密结合的程度，在其他学科中是少有的。

计量学作为一门科学，研究的主要内容包括计量理论、计量技术与计量管理，并主要体现在：①研究计量单位及其计量标准的建立、复现、维护、保存和使用；②研究计量器具的计量特性评定；③研究量值传递与量值溯源的方法；④研究基本物理常数、常量的准确测定；⑤研究标准物质特性的准确测定；⑥研究测量理论和测量结果的处理方法；⑦研究计量法制和管理；⑧研究计量人员进行计量能力的培养与考核方法；⑨研究测量相关的一切理论、方法和实际应用问题。

三、计量学的分类

（一）计量学的基础分类

根据计量学研究的领域和应用的各个方面，计量学可分为如下类别：

第一，通用计量学。涉及计量的一切共性问题而不针对具体被测量的计量学部分。例如，关于计量单位的一般知识（诸如单位制的结构、计量单位的换算等）、测量数据处理、计量器具的基本特性等。

第二，应用计量学。涉及特定计量的计量学部分。通用计量学是泛指的，不针对具体的被测量，应用计量学则是关于特定量的计量，如长度计量、温度计量、硬度计量、频率计量等。

第三，技术计量学。涉及计量技术，包括工艺上的计量问题的计量学部分。例如，自动测量、在线测量、动态测量等测量技术和测量方法等。

第四，理论计量学。涉及计量理论的计量学部分。例如，关于量的定义和计量单位的实现、复现等测量理论等。

第五，质量计量学。涉及质量管理的计量学部分。例如，关于原材料、设备以及生产中用来检查和保证有关质量要求的计量器具、计量方法、计量结果的管理等。

第六，法制计量学。涉及法制管理的计量学部分。例如，为保证公众安全、国民经济和社会的发展，根据法律、法规和规章要求对计量单位、计量器具、计量方法和不确定度以及专业人员的技能等所进行的强制管理。

第七，经济计量学。涉及计量的经济效益的计量学部分。这是近年来人们相当关注的一门边缘学科，涉及面甚广。例如，计量在国民经济中的作用和效益评估，计量对科技发展、生产率的增长、产品质量的提高、物质资源的节约、国民经济的管理、医疗保健以及环境保护方面的作用等。

（二）计量学的国际分类

当前，国际上趋向于把计量学分为科学计量、工程计量与法制计量，分别代表计量基础、应用和政府起主导作用的社会事业三个方面，这时计量学简称为计量。

科学计量：主要是指基础性、探索性、先行性的计量科学研究，通常用最新的科技成果来精确地实现计量单位，并为最新的科技发展提供可靠的测量基础。科学计量通常是国家计量科学研究单位的主要任务，包括计量单位与单位制的研究、计量基准与标准的研制、物理常数与精密测量技术的研究、量值溯源与量值传递系统的研究、量值比对方法与测量不确定度的研究等。定义单位和建立计量单位体系是科学计量的核心内容。

工程计量：指各种工程、工业企业中的实用计量。例如，关于能量、原材料的消耗，工艺流程的监控以及产品品质与性能的计量测试等。工程计量涉及面甚广，随着产品技术含量提高和复杂性的增大，为保证经济贸易全球化所必需的一致性和互换性，它已成为生产过程控制不可缺少的环节，是各行各业普遍开展的一种计量。工程计量测试能力实际上是一个国家工业竞争力的重要组成部分。

法制计量：法制计量的特征除了政府起主导作用，即由政府或代表政府的机构管理外，还有一个明显的特征：直接传递到公众一端，即直接与最终用户的计量器具及其测量结果有关。主要是涉及与安全防护、医疗卫生、环境监测和贸易结算等有利害冲突或需要特殊信任领域的强制计量。例如，关于衡器、压力表、电表、水表、煤气表、血压计以及血液中酒精含量等的计量。

当然，计量学的上述划分不是绝对的，而是突出了某一方面的计量问题。在实际工作中，往往并不也没有必要去严格区分。

从以上对科学计量、工程计量和法制计量的介绍可以看出：科学计量是计量学的基础部分，包括基础理论和基础设施，它既为工程计量提供测量技术手段，又为法制计量提供技术保障；工程计量是计量学应用于生产建设中的部分；法制计量是计量学在社会经济生活应用中受到法定管理的部分，它并不是计量学中与科学计量、工程计量并列的第三个组成部分，而是与这两者相交叉的重叠。

第二节　计量基本作用与现实意义

一、计量的特点

（一）一致性

计量的基本任务是保证量值的准确可靠与计量单位统一，无论任何时间、地点，利用任何器具、方法，以及任何人进行计量，只要符合有关计量要求的条件，计量结果就应在一定允许范围内一致。计量单位的统一或对同一被测量结果的一致，对现代化大生产的分工、国内外贸易、科研成果的评价、技术交流、人民生活、高科技武器系统研制等都是非常重要的。

一致性是计量学最本质的特性，计量单位统一和量值统一是计量一致性的两个方面。然而，单位统一是量值统一的重要前提。量值的一致是指在给定误差范围内的一致。计量的一致性，不仅限于国内，也适用于国际。

（二）准确性

计量的一致性是建立在计量的准确性基础上的。量值的准确可靠，是计量的目的和归宿。为了保证计量的准确性，首先要建立准确可靠的计量标准，通过检定和校准，把量值传递到所使用的每台测量设备。

只有量值，而无准确程度的结果，严格来说不是计量结果。准确的量值才具有社会实用价值。所谓量值统一，说到底是指在一定准确程度上的统一。

（三）溯源性

为了使计量结果准确一致，任何量值都必须由同一个基准（国家基准或国际基准）传递而来。换句话说，都必须能通过连续的比较链与计量基准联系起来，这就是溯源性。因此，溯源性是准确性和一致性的技术归宗。尽管任何准确、一致是相对的，它与科技水平与人的认识能力有关，但是，溯源性毕竟使计量科技与人们的认识相一致，使计量的准确与一致得到基本保证。否则，量值出于多源，不仅无准确一致可言，而且势必造成技术和应用上的混乱。

(四) 法制性

计量的社会性本身就要求有一定的法制来保障。不论是单位制的统一，还是基标准的建立、量值传递网的形成、检定的实施等各个环节，不仅要有技术手段，还要有严格的法制监督管理，也就是说都必须以法律法规的形式做出相应的规定。尤其是那些重要的或关系到国计民生的计量，更必须有法制保障。否则，计量的准确性、一致性就无法实现，其作用也无法发挥。

计量的法制性一方面体现在计量依法监督管理，即计量的法制管理；另一方面也体现在法定的计量机构出具的证书、报告，给出的测量结果，具有法律效力。计量作为一门科学，与法律、法规和行政管理紧密结合的程度，在其他学科中是少有的。

(五) 社会性

计量的社会性是由现代计量学是一门综合性的技术基础性的学科，涉及众多专业领域这一广泛性所决定的。计量与国民经济各部门、人民生活各方面、商贸活动各领域有着密切的联系，对维护社会经济秩序具有重要作用。计量的质量是各方面产品、活动的质量的基础和保障条件。

二、计量的作用与意义

计量是一项重要的技术基础，国防建设和经济建设都离不开计量的重要保障作用。随着科技的进步和生产的发展，计量的作用已日益明显。

(一) 计量与工农业生产

计量对工业生产的作用和意义是很明显的。社会化大生产的本身就要求有高度的计量保证。生产的发展，大体上可分为三个阶段，即以经验为主阶段，半经验、半科学阶段和科学阶段。计量是科学生产的技术基础。从原材料的筛选到定额投料，从工艺流程监控到产品的质量检验，都离不开计量。

农业生产，特别是现代化的农业生产，亦必须有计量保证。比如，为了科学种田，就必须通过计量来掌握土壤的酸碱度、盐分、水分、有机质和氮、磷、钾的含量以及温度等。在盐水选种、温汤或药剂浸种、适温催芽和离心脱水等过程中，亦都要靠一定的计量保证。

（二） 计量与人民生活

计量对人民生活的意义是相当明显的。可以说，人的一切活动都与计量有关，比如，日常买卖中的计量器具是否准确，家用电度表、煤气表和水表是否合格，乃至公共交通的时刻是否准确都直接关系到人们的切身利益。

粮食是生活的必需品，任何人都离不开它。粮食的品质直接关系到人们的健康。在粮食的生产过程中，施化肥可以增产，撒农药可以除虫。但化肥和农药大多对人体有害，必须控制在一定的剂量之内，否则将会导致积累性中毒，造成严重的后果。粮食及粮食制品的生产、贮存和加工等过程中，都离不开计量测试。

副食品，特别是水产品、肉、蛋和蔬菜的冷冻保鲜，当前已普遍采用。冷冻温度的控制是非常重要的，温度过低，会对食品的色、香、味甚至营养起破坏作用；温度过高则不易保存，这也只有通过计量测试才能得到保证。

在医疗卫生方面，计量测试的作用亦越来越明显。现代医学对疾病的预防、诊断和治疗，都离不开计量测试。例如，计量体温、血压，做心电图、脑电图以及各种化验等都是常见的计量测试。

（三） 计量与贸易

贸易中需要计量的事例很多，例如，过去我国出口苹果，只凭观察外表或直接品尝，而没有采用计量手段，外商便借故刁难。其实，对苹果成熟度的计量很简单，只要定出与成熟度相应的硬度值，用普通硬度计测一下即可。再如，按国际惯例和合同条款，一般货物皆按上岸的计量结果作为结账的依据。

人们越来越认识到，计量是保证产品品质、提高商品市场竞争力的重要措施。对于国际贸易，计量更是消除贸易技术壁垒的重要手段。

（四） 计量与科学技术

科学技术是人类生存和发展的一个重要基础。没有科学技术，便不可能有人类的今天。任何科学技术都是为了探讨、分析、研究、掌握和利用事物的客观规律；而所有事物的基础都是"量"，体现形式仍然是"量"。为了准确地获得量值，只有通过计量测试。例如，哥白尼关于天体运行的学说，是在伽利略发明了望远镜，进行了实际观察之后才确立的；著名的万有引力定律，尽管早已被牛顿所揭示，但直到百年后，经卡文迪许的实际计量测试，才被确认；爱因斯坦的相对论，也是在频率精密计量测试的基础上才得到了比较明确的验证；李政道和杨振宁关于弱相互作用下宇宙不守恒的理论，也是吴健雄等人在美国标准局进行了专门的计量测试才验证的。总之，从经典的牛顿力学到现代的量子力学，各种定律、定理，都是经过实际验证才得以确立或被承认。计量正是所有验证的技术基础与重要手段。

历史上三次大的技术革命，都充分地依靠了计量，同时也促进了计量本身的发展。以蒸汽机的广泛应用为基本标志的第一次技术革命，使生产力得以迅速地提高，从而确立了资本主义的生产方式。当时，经典力学和热力学是社会科技发展的重要理论基础。而蒸汽机研制和应用的过程中，都需要对蒸汽压力、热膨胀系数、燃料的燃烧效率、能量的转换等进行大量的计量测试。力学和热工计量就是这种情况下发展起来的。另外，机械工业的兴起，使几何量的计量得到了进一步的发展。

随着量子力学、核物理学的创立和发展，电离辐射计量逐渐形成，核能及化工等的开发与应用，导致了第三次技术革命。在这个时期，科学技术和社会生产的发展更加迅速。核能、化工、半导体、电子计算机、超导、激光、遥感、宇航等技术的广泛应用，使计量的宏观实物基准逐步向自然（量子）基准过渡。新的米定义和原子频标的建立，有着相当重要的意义。长度和频率的精密测定，促进了现代科技的发展。例如，光速的测定、原子光谱的超精细结构的探测、航海、航天、遥感、激光等许多科技领域，都是以频率和长度的精密计量为重要基础的。

（五）计量与国防

计量对军事装备特别是尖端技术的重要性尤为突出。国防尖端系统庞大复杂，涉及的科技领域广、技术难度高，要求计量的参数多、准确度高、量程大、频带宽。例如，由于飞行器与地面的距离不断增大，对通信、跟踪、测轨、定位等都相应地提出了更高的要求。就卫星来说，军用通信同步卫星距地面可达 35 800km，用无线电信号作为空间与地面的联络手段，就必须有大功率的发射机和高灵敏度的接收机，因而必须对大功率、低噪声、大衰减和小电压等主要参数进行相应的计量测试，这不但要研究测试方法和设备，而且要建立相应的测量标准。当前，地面设备的发射平均功率已可达几十千瓦，接收机的噪声温度已能低于 15K。

对国防尖端技术系统来说，工作环境比较特殊，往往要在现场进行有效的计量测试，难度较大。例如，飞行器在运输、发射、运行、回收等过程中，要经历一系列诸如振动、冲击、高温、低温、高湿度、强辐射等恶劣环境。当弹头进入大气层时，要经受几千摄氏度以上的超高温；提高接收机灵敏度的关键部件一般要在液氮的超低温下工作；发动机的推力可达几十兆牛；而姿态控制发动机的推力则只有几厘牛；核技术应用研究和设备的研制与爆炸威力的实验，对计量都有特殊的要求等。因此，必须进行动态压力、动态温度、脉动流量、振动、冲击、超高温、超低温、大推力、小推力以及核辐射等一系列计量测试。

从上面的一些事例可以看出，计量是科学技术进步、经济和社会发展的重要技术基础。另外，随着形势的发展，对计量的要求亦越来越高，从而激励了计量本身的发展。如今，可以毫不夸张地说，任何科学、任何部门、任何行业乃至任何活动，都直接或间接地、有意或无意地需要计量。计量水平的高低，已成为衡量一个国家的科技、经济和社会发展程度的重要标志之一。

第三节 计量单位制与法定计量单位

一、计量单位与计量单位制

(一) 计量单位

"计量是实现单位统一和量值准确可靠的活动。"① 计量单位指的是，根据约定定义和采用的标量，任何其他同类量可与其比较使两个量之比用一个数表示。

计量单位具有明确的名称、定义和符号，并命其数值为 1，如 1m、1kg、1s 等。计量单位的符号，简称单位符号，是表示计量单位的约定记号。

国际计量大会 (CGPM) 对很多单位符号有统一的规定，一般称国际符号。国际符号的形式有两种：一种是字母符号，即拉丁字母和希腊字母符号，如 m 表示"米"；另一种是附于数字右上角的符号，如表示平面角的度 (°)、分 (′)、秒 (″)。计量单位的中文符号由单位和词头的简称构成，如电容单位皮法 [拉] (pF) 的中文符号为"皮法"（即 10^{-12}F）。

计量单位一般分成以下三类：

1. 基本单位

对于基本量，约定采用的测量单位为基本计量单位，简称基本单位。即在计量单位中选定作为构成其他计量单位基础的单位都称为基本单位。

2. 导出单位

导出量的测量单位称为导出计量单位，简称导出单位。这就是说，由基本单位以相乘或相除而构成的单位称为导出单位，如速度由长度除以时间导出，密度由质量除以体积即长度的三次方导出，等等。

---

① 薛新法. 再接再厉 为统一计量单位制再立新功 [J]. 中国计量，2016 (01)：28.

导出单位又可人为地分成下列五种：

（1）辅助单位。国际上通用的辅助单位只有下列两个：

第一，弧度。弧度是一个圆内两条半径之间的平面角，这两条半径在圆周上截取的弧度与半径相等。符号是 rad。

第二，球面度。球面度是一个立体角，其顶点位于球心，而它在球面上所截取的面积等于以球半径为边长的正方形面积。符号为 sr。

（2）具有专门名称的导出单位，如 $1Hz=1/s$、$1N=1kg \cdot m/s^2$ 等。

（3）用基本单位表示，但无专门名称的导出单位，如面积单位 m^2、加速度 m/s^2 等。

（4）由专门名称的导出单位和基本单位组合而成的导出单位，如力矩 $N \cdot m$、表面张力 N/m 等。

（5）由辅助单位和基本单位或有专门名称的导出单位组成的导出单位，如角速度 rad/s、辐射强度 W/sr 等。

此外，计量单位还可以分为以下三种。①主单位和倍数（或分数）单位。凡是没有加词头而又有独立定义的单位（千克除外）都称之为主单位，按约定比率，由给定单位形成的一个更大（或更小）的计量单位，称为倍数（或分数）单位。如吨是千克的十进倍数单位，小时是秒的非十进倍数单位，而毫米是米的十进分数单位。这就是说，倍数单位或分数单位一般都加有词头。②制内和制外单位。不属于给定单位制的计量单位称为制外计量单位，简称制外单位。如时间单位天（日）、［小］时、分，都是国际单位制的制外单位。③法定和非法定单位。按计量法律、法规规定，强制使用或推荐使用的计量单位称为法定计量单位，简称法定单位。这就是说，法定单位一般都是由国家以法令形式决定强制采用的计量单位。一旦公布后，国内任何部门、地区、机构和个人都必须严格遵循采用，不得违反。有些国家还写在宪法中以强制实施。

（二）计量单位制

对于给定量制的一组基本单位、导出单位、倍数单位和分数单位及使用这些单位的规则称为计量单位制，简称单位制。而量制是彼此间由非矛盾方程联系起来的一组量。

同一个量制可以有不同的单位。单位制由一组选定的基本单位和由定义公式与比例因数确定的导出单位组成。具体地说：就是选定了基本单位后，可按一定物理关系构成一个系列的导出单位，这样的基本单位和导出单位就组成一个完整的单位体系，这个单位体系就称为单位制。由于基本单位选择的不同，就产生了各种不同的单位制。

第一，厘米克秒制（CGS）。这是选定长度以厘米（cm）、质量用克（g）、时间由秒（s）作为基本单位的单位制。

第二，米千克秒制（MKGS）。这是选定长度以米（m）、质量用千克（kg）、时间由秒（s）作为基本单位的单位制。

第三，工程单位制（即米公斤力秒制）。这是选定长度以米、重力用公斤力、时间由秒作为基本单位的单位制，由于它多用在工程建设上，因此就称为工程单位制。

第四，国际单位制（SI）。国际单位制是由国际计量大会（CGPM）批准采用的基于国际量制的单位制，包括单位名称和符号、词头名称和符号及其使用规则。它也是由第十一届国际计量大会提出和通过，国际上公认的选用米（m）、千克（kg）、秒（s）、安培（A）、开尔文（K）、摩尔（mol）和坎德拉（cd）为七个基本单位所构成的单位制，称为国际单位制，缩写符号为"SI"，因此人们又把国际单位制写成"SI 制"或"SI 单位制"。

其他还有米吨秒制（MTS）、绝对电磁单位制（CGSM）、绝对实用单位（MKSA）、英制、美英制等。

二、国际单位制

（一）国际单位制的构成

在导出单位中，具有专门名称的导出单位有 21 个，它们中多数取自一些物理学家、科学家或发明家的姓名，多半是由于历史原因沿袭形成的，具有纪念他们在科学上贡献的作用。

因此，这些导出单位的符号第一个字母须用大写体。详情见表 1-1[①]。

表 1-1　国际单位制中具有专门名称的导出单位

量的名称	单位名称	单位符号	量纲	被纪念科学家的国籍及生卒年
［平面］角	弧度	rad	1	
立体角	球面度	sr	1	
频率	赫［兹］	Hz	s^{-1}	德国，1857 年—1894 年
力	牛［顿］	N	$kg \cdot m/s^2$	英国，1643 年—1727 年
压力，压强，应力	帕［斯卡］	Pa	N/m^2	法国，1623 年—1662 年
能［量］，功，热量	焦［耳］	J	$N \cdot m$	英国，1818 年—1889 年
功率，辐［射能］通量	瓦［特］	W	J/s	英国，1736 年—1819 年
电荷［量］	库［仑］	C	$A \cdot s$	法国，1736 年—1806 年
电压，电（动）势，电位	伏［特］	V	W/A	意大利，1745 年—1827 年
电容	法［拉］	F	C/V	英国，1791 年—1867 年

---

① 本节表格均引自洪生伟. 计量管理第 7 版. 中国质检出版社，2018：26-38.

量的名称	单位名称	单位符号	量纲	被纪念科学家的国籍及生卒年
电阻	欧［姆］	Q	V/A	德国，1789 年—1854 年
电导	西［门子］	S	Ω^{-1}	德国，1816 年—1892 年
磁通［量］	韦［伯］	Wb	V·s	德国，1804 年—1891 年
磁能量密度、磁感应强度	特［斯拉］	T	Wb/m^2	美国，1855 年—1943 年
电感	亨［利］	H	Wb/A	美国，1797 年—1878 年
摄氏温度	摄氏度	℃	k	
光通量	流［明］	lm	cd. sr	
［光］照度	勒［克斯］	lx	$1m/m^2$	
［放辐性］活度	贝可［勒尔］	Bq	s^{-1}	法国，1852 年—1908 年
吸收剂量	戈［瑞］	Gy	J/kg	英国，1875 年—1955 年
剂量当量	希［沃特］	Sv	J/kg	瑞典，1896 年—1966 年

（二）国际单位制的优点

国际单位制之所以能被世界各国所采用，是由于它有比其他单位制优越之处，主要体现在以下六个方面：

1. 统一性

国际单位制中七个基本单位都有严格的定义。其导出单位则通过选定的方程式用基本单位来定义，从而使量的单位之间有直接内在的科学联系，使力学、热学、电磁学、光学、声学、化学、原子物理学等各种理论科学与技术科学领域中的计量单位统一在一个科学的单位制中，而且各计量单位的名称、符号和使用规则都有统一的规定，实行了标准化，做到每个计量单位只有一个名称、只有一个国际上通用的符号。

2. 简明性

国际单位制取消了相当数量的计量单位，大大简化了物理定律的表示形式和计算手续，省略了由于各种计量单位制并用而带来的不同单位制之间或不同单位之间的换算系数。例如，很多力学和热学公式采用国际单位制后就可省去热功当量、功热当量、千克和牛顿的转换系数等常数。而且也不必编制很多换算表，避免了繁杂的计算手续，节省不少人力、物力和时间，还能避免或大大减少计算和设计上可能引起的错误。

3. 实用性

国际单位制的全部基本单位和大多数导出单位的大小都很实用，绝大部分已在广泛地应用，例如安［培］（A）、伏［特］（V）、欧［姆］（Ω）、焦［耳］（J）等，常用量中并没有增添不习惯的新单位、词头和基本单位，导出单位搭配使用后，适应各方面的实际需要。如压力单位"帕［斯卡］"（Pa），虽然在一些工程压力范围内嫌小些，但如以"兆帕斯卡"（1MPa=1×10⁶Pa）为计算单位就可满足工程实用。又如过去常用力的单位是千克力，它近似等于 10 牛顿（1kgf=9.806 65N），在许多实用场合下，使用牛顿则能满足使用要求，而且是很方便的。

4. 合理性

国际单位制坚持"一量一单位"的原则，这样就避免了多种单位制和单位并用而带来的"用同一单位表示不同物理量""用不同单位表示相同的物理量"等种种不合理现象，也可以避免"同类量却有不同量纲"，以及"不同类的量却具有相同量纲"的矛盾现象。

例如，过去，千克是质量单位，千克力是力的单位，这两种根本不同的物理量，并且还属于两种不同的单位制的量，却用同一质量计量基准。又如采用 SI 制以前，一个功率单位却可用瓦特、马力、英尺、磅力/秒、卡/秒、千克/小时等很多不同的单位表示。现在大家认识到力学、热学、电学中的功、能和热量，虽然测量形式不同，但本质上是相同的量，因此 SI 制中只有一个能量单位焦［耳］就表达了，功率也只用一个单位瓦［特］就行了，既简单又合理。

5. 科学性

国际单位制一律根据科学实验和社会实践所证实的规律来严格定义每个计量单位，明确和澄清了很多量与单位的概念，废弃了一些旧的不科学的习惯、名称和用法。例如摩尔（mol）的定义，明确了物质的量与质量与重力在概念上的区别。

国际单位制所选定的七个基本单位，目前都能以当代科学技术所能达到的最高准确度来复现和保存。如目前复现"米"的最高准确度已达 1×10⁻¹⁰；时间"秒"的最高准确度为 5.3×10⁻¹⁴（即 150 万年差 1 秒）；质量"千克"的最高复现准确度为 4×10⁻⁹。显然，建立在这些基本单位基础上的 SI 制是很科学的。

6. 继承性

国际单位制选用的七个基本单位中，除了物质的量摩［尔］（mol）外，其余六个计量单位都是米制中所采用的。因此，国际单位制又被称为现代米制，它继承了米制中合理部分，如采用十进制和换算系数为一的"一贯性原则"。许多单位名称也都保持了米制的习惯。由于 SI 制的继承性优点，这就使许多原来采用米制的国家在贯彻实施国际单位制的过程中较为顺利。

三、法定计量单位及其应用

（一）我国法定计量单位的构成

我国的法定计量单位是以国际单位制为基础，同时选用一些符合我国国情的非国际单位制单位所构成的。

我国选定作为法定计量单位的非国际单位制单位共 16 个。详见表 1-2。

表 1-2　我国选定为法定计量单位的非 SI 单位

量的名称	单位名称	单位符号	换算关系和说明
时间	分	min	1min＝60s
	［小］时	h	1h＝60min＝3600s
	日（天）	d	1d＝24h＝86 400s
平面角	［角］秒	(″)	$1''=（\pi/648\ 000）$ rad（π 为圆周率）
	［角］分	(′)	$1'=60''=（\pi/10\ 800）$ rad
	度	(°)	$1°=（\pi/180）$ rad
旋转速度	转每分	r/min	1r/min＝（1/60）s^{-1}
长度	海里	n mile	1n mile＝1852m（只用于航程）
速度	节	kn	1kn＝1n mile/h＝（1852/3600）m/s（只用于航行）
质量	吨	t	$1t＝10^3kg$
	原子质量单位	u	$1u≈1.660\ 540\ 2×10^{-27}kg$
体积	升	L，（l）	$1\ L＝1dm^3＝10^{-3}m^3$
能	电子伏	eV	$1eV≈1.602\ 177\ 33×10^{-19}J$
级差	分贝	dB	
线密度	特［克斯］	tex	$1tex＝10^{-6}$ kg/m（适用于纺织行业）
土地面积	公顷	hm^2，ha	$1ha＝1hm^2＝10^4m^2$

表 1-2 所列的 16 个单位中，既有国际计量委员会允许在国际上保留的单位，如时间、平面角单位，质量单位"吨"，体积单位"升"等，也有根据我国具体情况自行选定的单位，如旋转速度单位 r/min、线密度单位 tex 等。

组合形式单位则是由 SI 单位与上述选定的非 SI 单位按需要依据《中华人民共和国法定计量单位使用方法》构成。

（二）我国法定单位的优越性

我国法定计量单位完全以国际单位制为基础，因此也就具有国际单位制的所有优点，此外还具有下列三个优越性：

第一，国际性。我国法定单位以国际单位制（SI）为主要组成部分和基础，这就有利于我国与世界各国的科技、文化交流和经济贸易往来。

第二，法规性。我国法定单位以国家法令形式发布，又写入《中华人民共和国计量法》。其中，明确规定：国家采用国际单位制。国际单位制计量单位和国家选定的其他计量单位，为国家法定计量单位。这就使其具有法规性，并有利于全国迅速采用。

第三，具有中国特色。在 70 个词头中有 8 个中文名称，即兆（10^6）、千（10^3）、百（10^2）、十（10）、分（10^{-1}）、厘（10^{-2}）、毫（10^{-3}）、微（10^{-6}）与国际上定名不同，这是因继承我国几千年来科技文化传统，考虑我国人民群众使用习惯而定名的，既通俗易懂，又方便使用。

（三）法定单位的使用方法

1．法定计量单位名称

（1）组合单位的中文名称与其符号表示的顺序一致。符号中的乘号没有对应的名称，除号的对应名称为"每"字。但无论分母中有几个单位，"每"字只出现一次。

（2）乘方形式的单位名称，其顺序应是指数名称在前，单位名称在后，相应的指数名称由数字加"次方"而成，但长度的 2 次和 3 次幂是表示面积和体积时，可称为"平方"和"立方"。

（3）书写组合单位名称，不加任何表示乘或除的符号或其他符号。如电阻率 Ωm，名称为"欧姆米"，而不是"欧姆×米""欧姆·米"及"［欧姆］［米］"；又如密度单位 kg/m^3 的名称应写为"千克每立方米"，而不是"千克/立方米"。

2．法定单位和词头的符号

（1）无论是拉丁字母还是希腊字母做法定单位和词头的符号，一律用正体，不附省略点，且无复数形式。

（2）单位符号的字母一般用小写体，只在其单位名称来源于人名时其第一个字母用大写体，如"帕斯卡"的符号为 Pa，"P"为大写字母。

（3）词头符号的字母以 10^6 为界，大于或等于 10^6 时用大写体，小于 10^6 则用小写体。

（4）由两个以上单位相乘而构成的组合单位，其符号可有两种写法，如"牛顿米"写成 N·m，也可以写成 Nm，但不能写成 mN，以免误解为"毫牛顿"。而中文符号用一种形式，即用居中圆点代表乘号，如动力黏度单位"帕斯卡秒"的中文符号为"帕·秒"。

（5）由两个以上单位相除所构成的组合单位，其符号可有三种形式（除了可能发生误解外），如 kg/m³、kg·m⁻³、kgm⁻³，而中文符号可采用千克/米³或千克·米⁻³两种形式，但速度"米每秒"只用 m·s⁻¹、m/s，不宜用 ms⁻¹，可能误解为每毫米秒。

（6）词头符号和单位符号之间不能有间隙，也不加表示相乘的任何符号。

（7）摄氏度的符号"℃"可作为中文符号使用，可与其他中文符号构成组合形式的单位。

（8）非物理量的单位（如人、件、盒、元等）可用汉字与符号构成组合形式的单位。

3．法定单位和词头使用的规则

（1）单位与词头的名称只宜在叙述性文字中使用。单位和词头的符号除了在公式、数据表、曲线图、刻度盘和产品铭牌等处使用外，也可用于叙述性文字，并应优先采用符号。

（2）单位的名称或符号应作为一个整体使用，不能拆开，如"20 摄氏度"不能写成或读成"摄氏 20 度"。

（3）选用 SI 单位的倍数单位或分数单位时，一般应使量的数值处于 0.1～1 000 范围内，如 $1.2 \times 10^4 N$ 可写成 12kN。特殊情况不受限制，如机械制图中长度单位用"mm"，导线截面积用"mm²"。

（4）不准使用重叠词头。如微克不能写成"mmg"，要写成"μg"。

（5）摄氏度、角度单位（度、分、秒），时间单位（日、时、分）不能用 SI 词头构成倍数单位或分数单位。市制单位也不能与 SI 词头构成倍数单位或分数单位。

（6）亿（10^8）、万（10^4）等我国惯用的数词，仍可使用，但不是词头。惯用的统计单位，如万公里可记为"万 km"或"10^4m"，万吨公里可记成"万 t·km"或"10^4t·km"。

（7）词头通常加在组合单位中的第一个单位之前。如力矩的单位"kN·m"不宜写成"N·km"，摩尔内能单位"kJ/mol"，不宜写成"J/mmol"。

（8）倍数单位和分数单位的指数，指包括词头在内的单位的幂。

（9）SI 词头的部分中文名称置于单位名称的简称之前构成中文符号时，应注意避免与中文数词混淆，必要时应使用圆括号。

（四）法定计量单位的实施

第一，政府机关、人民团体、军队以及各企业、事业单位的公文、统计报表等，应全面正确使用法定计量单位。各级党、政领导的报告、文章中必须采用法定单位。

第二，教育部门在所有新编教材中应使用法定计量单位，必要时可对非法定计量单位予以说明。原教材在修改再版时，应改用法定单位。

第三，报纸、刊物、图书、广播、电视等部门均要按规定使用法定计量单位；国际新闻中使用我国非法定计量单位者，应以法定单位注明发表。

所有再版物重新排版时，都要按法定计量单位进行统一修订，但古籍、文学书籍不在此列。翻译书刊中的计量单位，可按原著译，但要采取注释形式注明其与法定单位的换算关系。

第四，科学研究与工程技术部门，应率先正确使用法定计量单位，凡新制定、修订的各级技术标准（包括国家标准、行业标准、地方标准及企业标准）、计量检定规程、新撰写的研究报告、学术论文以及技术情报资料等均应使用法定计量单位。必要时可允许在法定计量单位之后，将旧单位写在括弧内。凡申请各级科技奖励的项目，必须使用法定单位。个别科学技术领域中，如有特殊需要，可使用某些非法定计量单位，但必须与有关国际组织规定的名称、符号相一致。

第五，市场贸易必须使用法定计量单位，不准使用废除的市制单位。出口商品所用的计量单位，可根据合同使用，不受限制。合同中无计量单位规定者，则按法定计量单位使用。

第六，农田土地面积单位，在统计工作和对外签约中一律使用规定的土地面积计量单位，即：平方公里（100 万平方米，km^2）；公顷（1 万平方米，hm^2）；平方米（1 平方米，m^2）。

法定单位的实施涉及各行各业、千家万户，深入我国城乡每一角落，只有坚持不懈地抓紧法定单位的实施，方能改变传统习惯，形成采用法定单位的习惯。

第四节　测试与计量的主要方法

在测试和计量过程中，不同的量或不同量值的同一种量，都应该根据其特点和准确度要求，应用相应的计量原理，选用不同的计量方法。

测试与计量方法是确定测试方案和完成仪器设计工作所必须具备的重要手段之一。掌握科学的测试与计量方法会在效率、效益等方面获得显著的效果。随着科学技术的发展，测试与计量方法也在不断地进步和发展。本部分的内容不局限于常规的计量方法问题，而是大量充实了测试和仪器的设计方法，使得学习者便于联系不同实践获得更广泛的应用。

一、直接计量法和间接计量法

（一）直接计量法

不必对与被计量有函数关系的其他量进行计量，而能直接得到被计量量值的计量方法称为直接计量法。也就是说，计量结果可由实验操作直接获得，可用公式表示如下：

$$A = X \tag{1-1}$$

式中：A——被计量的量值；

X——由实验直接得出的结果。

用传感器线性地将被测量转换成电量或数字量显示的方法可以在上式的基础上理解为直接计量法。

这种测量方法的测量误差如下：

$$\triangle A = \triangle X \tag{1-2}$$

从上式可以看出，实验结果中的误差被100%地转换为对被测量的测量误差，这就是这种方法的测量精度常常并不太高的原因。

在进行直接比较计量时，计量器具直接给出被计量的量值。在进行高精度计量或测试时，为了能对计量结果中所含的系统误差加以消除，需要做补充计量来确定影响量的值。即使这样，这类计量仍属直接计量法。直接计量法是特征最明显且采用最多的一种测试计量方法。这种方法所获得的测量结果很直接、方便，使用的设备不一定很复杂，而且在大多数情况下其测量的范围可以很宽，还不存在时间响应的问题。但是在大多数情况下，得到的测量精度并不一定最高。

（二）间接计量法

通过对与被计量量有函数关系的其他量的计量，以得到被计量量值的计量方法称为间接计量法。被计量值可由下式求出：

$$A = F(X_1, X_2, X_3, \cdots) \tag{1-3}$$

式中：A——被计量的量值；

$X_1, X_2, X_3, \cdots$——可直接计量的量值。

间接计量法在计量学中有着特别重要的意义，主要用于导出单位，如压力、流量、速度、重力加速度、功率等量的单位量值的复现。

在一些测量仪器中也常常通过中间量的测量，并经过计算而得到被测量的值，这样获得的精度可能会更高一些，因此间接计量法在高精度测试和计量中常被选用。对于精度的提高情况可以通过对相应函数关系式的分析得到。也就是说，首先要建立被测量与各中间量之间的数学模型，以发现中间量的值对被测量精度的贡献。

比如在频标比对中，直接测频法的精度不高。但是由于频标比对都是在两比对频率信号频率值很接近的情况下来完成测量工作的，所以可通过测量频标信号间相位差变化量算出被测信号的相对频差，公式如下：

$$\frac{\Delta f}{f} = \frac{\Delta T}{\tau} \tag{1-4}$$

式中：ΔT ——两信号之间的相位差变化量；

τ ——发生该变化所用的时间。

从上式可看出，随着比对时间的延伸可获得很高的测量精度。

全面分析某些间接测量方法和直接测量方法的特点，也可以看到有时候高精度的获得要牺牲测量范围。用计数器直接测频，虽然测量精度比较低，但是测量的频率范围只受计数速度的限制，且是宽频率范围的。但是，用了间接比相法测量时，精度得到了大幅度提高，而比对只能在同频或者频率关系成倍数的情况下进行。

二、基本计量法和定义计量法

（一）基本计量法

关于计量方法的选择也可以通过对被计量量值的定义及与一些有关基本量间的联系来确定。

通过对一些有关基本量的计量，以确定被计量量值的计量方法称为基本计量法，有些书中也称其为绝对计量法。由定义可知，基本计量法实为间接计量法的一种。

（二）定义计量法

根据量的单位定义计量该量的方法称为定义计量法。这是按计量单位的定义复现其量值的一类方法，适用于基本单位和导出单位。应该注意的是，按定义复现单位并不完全局限于建立基准，它可能有多种方法和不同准确度的结果。

例如，伏特基准可以用饱和惠斯顿标准电池，也可以利用约瑟夫森效应来复现。实际测量中，最有代表性的是根据欧姆定律中电阻和电压及电流之间的关系 $R = U/I$，通过电压和电流的测量计算获得对应的电阻值。

三、直接比较计量法和替代计量法

（一）直接比较计量法

将被计量量直接与已知的同一种量相比较的计量方法被称为直接比较计量法。这种方法在计量和工程测试中被普遍应用。这种方法有两个特点：一是相比较的两个量必须是同一种量；二是计量时必须用比较式计量器具。因此，许多误差分量由于与标准器同方向增减而相互抵消，从而能获得较高的计量准确度。要创造能相互比较的条件，常常需要限制两比较量的数值范围（如量值接近或成一定的比例关系等），这也是直接比较计量法在测量的随意性和范围方面受到限制的因素。

（二）替代计量法

用选定的且已知其值的同一种量替代被计量量，并使作用于指示装置的效应相同的计量方法称为替代计量法。例如，在天平上用已知其质量的砝码替代被计量物体，是典型的替代计量法。这里所说的"作用于指示装置的效应"可以理解为仪器的示值。因此，砝码的质量就是被计量物体的质量，而且消除了由于天平的不等臂性所带来的一般不容易计算的误差。

替代法的典型应用是用直流信号替代交流信号来实现对交流量有效值的高精度测量。为了实现替代，就必须实现同一性的转换。也就是，能够把交直流信号转换成相应于它们有效值的量，通过对该量的检测求出被测量。这里，热效应转换使用实际计量时，轮流将交流电流及直流电流通入加热丝。如果在这两种情况下热电偶输出的热电势相等，就认为加热丝的发热量相同，即交流电流的有效值等于直流电流的数值。因此，只要计量出直流电流，就可得出相当的交流电流的有效值。在计量交流电压的有效值时，可用电阻元件将交流电压转换成交流电流后再计量。

加热丝的额定电流为数十毫安，而且只有在接近额定值时才能得到较好的效果。为了使热电偶适用于计量不同量值的电流和电压，须用电阻分流器、分压器或感应耦合比例器件扩展热电偶的量限。一般常将热电偶和扩展量程的附件组装在一起，组成热电比较仪，其不确定度为 $10^{-4} \sim 10^{-5}$。

在电子计量中的低频电压的频段一般覆盖从几赫兹到 1MHz 的频率范围。在这个频段内用真空热电偶做转换元件的交直流转换标准的准确度最高。这种热电偶的输出电势仅与热丝吸收的功率有关，与低频频率无关。因此，把一低频电压和直流电压先后加到同一真空热电偶，如果它的输出电势相等，所加的两个电压也相等。

在低频电压标准中，影响准确度的主要因素是热电偶的制造工艺不完善，它会引起热电偶直流正反向误差、交直流转换误差和频响误差等，应该对此采取相应的措施。

在这种替代法对交流电压和电流的测量中，对真空热电偶在交、直流两种输入情况下的输出电势的测量只要求严格相等，而并不要求测量精度很高，所以所用电势测量的仪器只要求有高的稳定度和一定范围的灵敏度就可以了。此时，用进行直流量测量用的直流数字电压或电流表来等效被测交流量的有效值的，真正反映测量精度的就是这个直流表的精度。对于直流量的测量可以获得比直接测量交流量高得多的精度，这就是此处替代法能够获得高精度的原因。

在射频直至微波频段，衰减的直接测量是很困难的。在这种情况下，替代法发挥了很重要的作用。这里可以使用的有直接替代法和中频替代法。在各种替代法中，中频替代法是最重要的，其优点是量程大、准确度高，因此虽然系统比较庞大，操作也较复杂，但目前仍是用得最广泛的衰减计量方法。中频替代法的基本工作原理是将射频信号（被测衰减器的工作频率）通过外差混频线性地变成固定的中频信号，然后用工作于该中频的标准衰减器对被测衰减器进行替代，以得出被测的衰减值。中频替代法按工作方式有串联和并联两种。

中频替代法只是使用了仅仅对被测量的同一性转换，把它转换成与替代量性质相同的量（中频），并在该量的背景下通过替代量的增、减来补偿被测量的减、增，使得最终的显示器件上的显示值保持严格不变。这里要注意的是，被测衰减器和标准衰减器常常是用开关转换进行衰减量的步进式变化的。标准衰减器还常常包括了更精细的带刻度的连续衰减的调节。工作在中频下的标准衰减器可以保证比工作在更高频率下的被测衰减器容易有更高的精度。在测量过程中，先在有被测衰减器加入衰减而标准衰减器没有加入衰减的情况下调节中频放大部分的增益，使得显示器有一个合适的显示值。然后逐渐撤掉被测衰减器的衰减，而在同时加入对等的标准衰减器的衰减保持不变。这样，所加入的标准衰减器的衰减值就等于被测衰减器原来在测量通道中所加入的衰减值。

四、微差计量法和符合计量法

（一）微差计量法

将被计量量与同它的量值只有微小差别的同一种已知量相比较，并计量出这两个量值之差的计量方法称为微差计量法。它常用于计量和工程测试。由于两个相比较的量处于相同条件下，因此，各个影响量引起的误差分量可自动做局部抵消或基本上全部抵消，从而提高了计量准确度。

微差计量法的误差来源主要有两个：一是标准器本身的误差；二是比较仪的示值误差。微差计量法直接测量的是两比对量之间的微小差值，所以常常可以用测量精度相对低的测量设备获得高得多的测量精度。其中最典型的例子是频率测量中的差拍测量周期法。当两个频率值相近的频标信号混频后再测量其差拍周期值时，对差拍周期的测量精度反映到对被测信号的测量精度时提高了一个倍增因子。该因子就等于被测信号频率与差拍信号频率的比值，常常可以把测量精度或分辨率提高数万到上百万倍。

设被测量为 x，和它相近的标准量为 B，被测量与标准量之微差为 A，A 的数值可由指示仪表读出，则：

$$x = B + A \tag{1-5}$$

因为：

$$\frac{\Delta x}{x} = \frac{\Delta B}{x} + \frac{\Delta A}{x} = \frac{\Delta B}{A+B} + \frac{A}{x} \cdot \frac{\Delta A}{A} \tag{1-6}$$

又由于 A 远小于 B，所以 $A + B \approx B$（这也是微差法的条件），从而可得测量误差为：

$$\frac{\Delta x}{x} = \frac{\Delta B}{B} + \frac{A}{x} \cdot \frac{\Delta A}{A} \tag{1-7}$$

从上式可知，微差法测量的误差由两部分组成：第一部分为标准量的相对误差，一般很小；第二部分是指示仪表的相对误差 $\Delta A / A$ 与系数 A/x 的积，其中系数 A/x 是微差与被测量的比，叫相对微差。由于相对微差远小于 1，因此指示仪表误差对测量的影响被大大削弱。从原理上来看，微差法虽然大大提高了测量精度，但是被测量的范围是很窄的。它主要用于被测量和标准量很接近情况下的高精度测量。而这样的要求恰好符合各种量值的标准器之间的比对。近年来，关于微差法如何用于更宽范围测量的研究也取得了一些进展，为这种方法的更广泛应用提供了条件。

（二）符合计量法

用观察某些信号相符合的方法，来计量出被计量值与作为比较标准用的同一种已知量值之间微小差值的一种计量方法称为符合计量法（简称符合法）。用游标卡尺计量零件尺寸就是应用这种计量原理。根据游标上的刻线与主尺上的刻线是否相符合来确定零件的尺寸。

零示法是符合计量法的一个特例。它是在测量中使被测量对指示器的作用与标准量对指示器的作用相互平衡，以使指示器示零的一种比较测量方法。其优点是可以消除指示器不准所造成的系统误差。如电子测量中的各种电桥法就是以这种方法为基础，通过电桥的平衡而根据桥路中各参考器件的值算出被测器件的值的。

五、补偿计量法和调换计量法

（一）补偿计量法

若将计量过程做这样的安排：使一次计量中包含正向误差，而在另一次计量中包含负向误差，则计量结果中的大部分误差能互相补偿而抵消，这种计量方法称为补偿计量法，又可称为正反向计量法。如在电学计量中，为了消除热电势带来的误差，常常改变计量仪器的电流方向，取两次读数和的二分之一为读数结果。在对某些温度测量装置的标定中为了消除热惯性引入的误差，也常常采用使标准恒温箱温度升高与降低，并在两种不同温度变化方向的同一温度值下读取温度计的读数，以它们的中间值作为对读数刻度的修正。应用相当广泛的温度补偿晶体振荡器也普遍存在着温度滞后效应的影响，这表现在升温和降温经过同一个严格的温度值时，振荡器的频率总是有差异的。为了减小它的影响，在实施补偿的软、硬件处理过程中，对未补偿振荡器的频率取值总是取升、降温频率值的平均数。

在有些计量中，被计量量值取决于两次读数的差值，而读数中都包含有相同的系统误差，则该系统误差自动从计量结果中消去。

（二）调换计量法

还有一种消除系统误差的比较计量法称为调换计量法，其原理如下：先将被计量物体与已知量值 A 的同种物体进行比较，使之平衡，然后将被计量物体放在这个已知量值的地方，再与 B 进行比较，再次平衡。如果在这两次计量中，指示的读数值相同，就可以得出被计量值为 $\sqrt{AB}$ 。这种方法专用于在天平上计量质量，可以消除由于两臂不等长所带来的系统误差。

六、中介源测试计量法

中介源测试计量法简称中介源法。在许多测试比对中，有时直接用标准量来测量被测量，这时为了提高测量的精度及使测量在某些方面规范化，可以采用一个与两比对量特性相同但在数值上有一定差别的中介量。通过用中介量作为桥梁与两比对量分别比对，再经过计算，就可以得到被测量的值。在这种测量方法中，因为中介源被对称地作用于两个测量通道，它自身所有的噪声等误差常常在最后的测量结果中被全部或部分抵消掉，所以对测量结果的影响很小。中介源的系统误差常常不会影响到测量结果，而其随机误差对测量的影响主要取决于中介源的随机误差随自变量变化的特性与测量全过程中被测量的误差关系情况（如在时频计量中，就是中介公共振荡源的误差——时间特性与测量比对时间的关系）。这也是这种方法的一个特点。

这方面的典型例子就是频标比对中的双混频器时差测量方法。在这种方法中，不但保证了测量的取样时间的规范性，而且也因为具有误差倍增的效果而大大提高了测量精度。两个标称值相同的频标信号为了获得对被测信号的高精度测量结果，可以用混频测差拍周期的方法（微差法）。但是差拍周期的不规范性不能保证测量时采样周期的规范性（如按1ms、10ms、1s、10s等采样），因此，用一个与两比对信号在频率上有一定差值的公共振荡器分别同时与两个比对信号混频，再将两个差频信号用时间间隔比对的方法进行比对就能够既获得高的测量精度，又能使测量受到人为的控制。

这种方法也可以理解为微差法的二次应用。两个频率标准信号由于频率十分接近，其差拍周期的直接获得是很困难的，而且也难以控制。这一方面是线路实施困难的原因，另一方面从频率稳定度测量方面要求测量的采样周期必须是严格的1ms、10ms、1s、10s等。两个比对频率标准信号的频率都是不允许改变的，中介公共振荡器的频率值则可以根据要求来设定或改变。按照差拍的周期要求，可以选择公共振荡器和两个比对信号之间的差频分别为1kHz、100Hz、10Hz、1Hz和0.1Hz等，这样就达到了对微差（差拍周期）的控制目的。公共振荡器在两个混频测量通道中是对称的，所以它所含的噪声以及频率长期变化的影响也同等地作用于两个通道。这些影响具有对称性和可抵消性。当两个差频信号之间的相位差很小时，公共振荡器中所含有的长期漂移以及作用周期大于该相位差情况的噪声影响将因为在两通道中的对称作用而被抵消。

凡借助于同类型的源作为中介实现两比对信号或设备比对的方法都可称为中介源法。把中介源引入测量系统可以改变测量特点以适应不同测量要求并获得提高测量精度等效果。中介源并不一定有很高精度，但只要使用合理，就可以做到既对中介源要求很低又可以高精度完成测量。

七、静态计量和动态计量

在计量期间其值可认为是恒定量的计量称为静态计量；而量的瞬时值以及随时间的变化量的确定称为动态计量。这两个概念与我们一般所理解的不完全一样。这里所说的"动态""静态"是指被计量量的变化状态，而不是计量器具在工作时的"动"和"静"。按此定义理解，也不是指被计量物体的"动"和"静"，因此，可认为是"动态量计量"和"静态量计量"。

静态量在计量期间可以认为是不随时间变化的，其计量结果往往可以用计量器具的一个示值来表示。由于静态量不是时间的函数，必然在一段时间内可重复进行计量，因此静态计量可称为重复计量。动态量在计量期间是随时间而变化的，每次计量所得的是瞬时值（或有效值），在一段时间内的计量结果可用动态过程或动态曲线来表示。因此，动态计量又可称为过程计量。

物质世界是永恒变化的，一切量总是处于变化状态下的。严格地说，所有计量得到的量值只具有瞬时值的性质。为了实际应用需要，在静态计量定义中，提出了假设条件，即以被计量的量在计量期间是否超出某个限度的变化来划分动态或静态，至于计量时间延续多久、变化限度多大都是约定的，在实际工作中也不会造成混乱。砝码、量块、标准电池、容量、硬度、光强等计量均属于静态计量，而管道中的压力、温度、流量以及振动、冲击力等计量为动态计量。

八、通过被测量的重建进行测量的方法

在绝大多数计量检测的情况下，被测对象常常是量具或测量仪器，也就是它们或者能够直观地产生一个量值，或者能够显示被测量值。但是，有一些被测对象并不那样明显地表示出来，也就是说，被测量必须经过一定转换，才能以另一种量的方式被表示和测量。

直接用传感器或变换器可以把被测量变换成电量或数字量，能够解决许多测量问题。但是，有一些却是无法用直接的传感手段辅助测量的。此时，可以采用对被测量进行能代表其量值又便于处理和最终量化显示量的重建方法获得测量结果。

这里，由于测量对象不能直接给出基于一般传感方法的被测量值，必须对其注入一个激励信号，通常，这个激励信号可以由计算机进行控制。测量对象在激励信号的激励下，会产生相应的变化量，由于这个变化量可能比较弱，还会含有噪声，因而必要的转换处理是应该的，比如放大和滤波等。另外，测量对象也可能受到外部影响量的影响，所以，对于影响量也应该采集和估计，其结果和对变化量的采集结果在进行了综合处理后作为最终的结果送入计算机。对被测量的量化表示，按照测量对象的特点以及测量过程中信号转换变化情况可能是线性的，也有可能是非线性的，通过实验建立相应的模型是应该的。

九、其他计量方法

计量按操作者参与计量过程的情况，分为主观计量和客观计量。完全或主要由计量器具完成计量的方法称为客观计量法。上述的各种计量法均是客观计量法。但在实际工作中不可能完全排除人的参与，如调整仪器、读数、计算结果等，即客观计量中也包括一些主观因素。如果计量全过程由计量器具和辅助设备完成，则就属于自动计量范围。

　　完全或主要由一个或几个操作者的感觉器官完成计量的方法称为主观计量法。主观计量仅适用于能直接刺激人的感觉器官的那些量的计量。但是，人的感觉能力和灵敏度因人而异，不可能获得很好的一致性。随着科学技术的进步，不仅主观法很少采用，而且客观计量法也将逐步被自动计量所取代。

　　为了准确反映被测量的实际值，越来越多的新测量方法及原理在基本测量方法的基础上发展起来。学习和掌握不断发展着的先进计量和测试方法是发展测试计量技术，提高不同仪器设计水平的重要环节之一。既应该掌握已学习过的测试计量方法，又要不受它们的限制去发现新的方法，这才是从事这项工作的目的。

第二章 测量误差与不确定度

第一节 测量误差的界定

一、误差相关术语

（一）测量和被测量

第一，测量。测量是指"通过实验获得并可合理赋予某量一个或多个量值的过程"。

第二，被测量。被测量是指"拟测量的量"，也就是我们预期测量的量。

（二）量的真值和约定量值

1. 量的真值

量的真值简称真值，是指"与量的定义一致的量值"。

量的真值只有通过完善的测量才有可能获得。真值是一个理想的概念，是在某一时间、某一位置或某一状态下，给定的特定量体现出的客观值。

2. 约定量值

约定量值是指"对于给定目的，由协议赋予某量的量值"。

有时约定量值是真值的一个估计值，约定量值是有不确定度的，但通常认为其具有的不确定度适当小，甚至可能为零。

有时将约定量值称为"约定真值"，《通用计量术语及定义》中不提倡这种用法。

（三）测量结果和测得的量值

1. 测量结果

测量结果是"与其他有用的相关信息一起赋予被测量的一组量值"。

由于各种影响量的存在，由测量得不到被测量的真值，只能得到被测量的估计值。用被测量的估计值作为被测量的测量结果时，人们就要求知道这种估计的可信程度。其可信程度用测量不确定度表示。

2. 测得的量值

测得的量值又称量的测得值，简称测得值，是指"代表测量结果的量值"。

二、测量误差

（一）测量误差的概念

由于被测量定义、测量手段的不完善，测得的量值只可能不断地逼近被测量的真值，即测得的量值和被测量的真值并不一致，而这种矛盾在数值上的表现就是测量误差。

测量误差简称误差，是指"测得的量值减去参考量值"，有时也称为测量的绝对误差。

参考量值简称参考值，是指"用作与同类量的值进行比较的基础的量值"，参考量值可以是被测量的真值，这种情况下它是未知的；由于真值未知，测量误差是未知的，测量误差是一个概念性术语；参考量值也可以是约定量值，这种情况下它是已知的。例如，某测量结果与用测量不确定度可忽略不计的计量标准复现的量值比较时，可以用测量标准的量值作为参考量值。此外也可以用给定的约定量值作为参考量值，这种情况下可以得到测量误差，但由于无论测量标准的标准值还是其他约定值，实际上都是存在不确定度的，获得的只是测量误差的估计值。

一切测得的量值都具有误差，误差自始至终存在于一切测量过程中，这就是误差公理。

获得测量误差估计值的目的通常是得到量的测得值的修正值。

（二）误差的分类

从误差的形式上来说，可分为绝对误差和相对误差；从误差的性质上来说，可分为系统误差和随机误差；从误差的主体上来说，可分为测量仪器的误差和测量结果的误差。测量误差不应与测量中产生的错误和过失相混淆。测量中的过错以前常称为"粗大误差"或"过失误差"，它不属于测量误差理论研究的范畴。

三、绝对误差和相对误差

（一）绝对误差

根据误差的定义，测量误差简称误差，有时也称为测量的绝对误差，在实际使用绝对误差概念时应注意不要将绝对误差与误差的绝对值相混淆，后者为误差的模型，误差等于测得的量值减去参考量值，即：

$$误差 = 测得的量值 - 参考量值 \tag{2-1}$$

误差表示一个量值，而不是一个数值，它的单位与测得的量值的单位一样；误差表示一个差值，而不是一个区间，其具有确定的数学符号，既可以是正号，也可以是负号，当测量值大于参考量值时为正号，反之为负号，但不可以是"±"号。

（二）相对误差

用钢卷尺测量 100m 的距离，得测量值为 101m，误差为 1m；用测距仪测量 1000m 的距离，得值 1001m，则误差亦为 1m。从误差的绝对值来说，它们都一样，但是由于所测距离不同，所用测量方法不同，两种测量过程的准确程度是不一样的，前者测量 100m 差了 1m，后者是测量 1000m 差了 1m。为了描述测量的准确程度而引出相对误差（或误差率）的概念。

相对误差是"测量误差除以被测量的量值"。

$$相对误差 = 误差 \div 被测量值 \times 100\% \tag{2-2}$$

被测量值用约定量值时：

$$相对误差 = 误差 \div 约定量值 \times 100\% \tag{2-3}$$

当误差较小，被测量值用测得量值时：

$$相对误差 = 误差 \div 测得量值 \times 100\% \tag{2-4}$$

相对误差表示的是绝对误差占被测量值的百分比，是量纲为 1 的量或无量纲量。

当被测量的大小相近时，可用绝对误差对多个测量过程进行测量水平的比较；当被测量值相差较大时，用相对误差才能对多个测量过程进行有效的比较。

四、系统测量误差和随机测量误差

根据误差的不同特性，可划分为系统测量误差、随机测量误差。

（一）系统测量误差

系统测量误差简称系统误差，是指"在重复测量中保持不变或按可预见方式变化的测量误差的分量"。

系统测量误差等于测量误差减随机测量误差。系统误差是测量误差的一个分量，当系统误差的参考量值是真值时，系统误差是未知的。当系统误差的参考量值是测量不确定度可忽略不计的测量标准的测得值，或是约定量值时，可得到系统误差的估计值，此时系统误差是已知的。

系统误差及其来源可以是已知或未知的。对于已知的来源，如果可能，系统误差可以从测量方法上采取措施予以减小或消除。例如用等臂天平称重时，可用交换法或替代法消除天平两臂不等引入的系统误差。

对已知估计值的系统误差，可以采用修正的方法进行补偿，由系统误差的估计值可以求得修正值或修正因子，从而得到已修正的测量结果。由于参考量值是有不确定度的，因此由系统误差的估计值得到的修正值也是有不确定度的，这种修正只能起到补偿的作用，不能完全消除系统误差。

（二） 随机测量误差

随机测量误差简称随机误差，是指"在重复测量中按不可预见方式变化的测量误差的分量"。

随机误差也是测量误差的一个分量，随机误差的参考量值是对同一被测量由无穷多次重复测量得到的平均值，即期望。由于不可能进行无穷多次测量，因此定义的随机误差是得不到的，随机误差是一个概念性的术语，不要用随机误差来定量描述测量结果。

随机误差是由影响量的随机变化所引起的，它导致重复测量中数据的分散性。一组重复测量的随机误差形成一种分布，该分布可用期望和方差描述，其期望通常可假设为零。测量值的重复性就是由于所有影响测量结果的影响量不能完全保持恒定而引起的。

测量误差包括系统误差和随机误差，从理论的概念上来说，随机误差等于测量误差减系统误差。实际上不可能做这种运算。

（三） 测量误差与系统误差、随机误差的关系

误差＝测量结果－真值＝（测量结果－总体均值）＋（总体均值－真值）＝随机误差＋系统误差（代数和）

五、测量仪器的示值误差、引用误差和最大允许测量误差

（一） 测量仪器的示值误差

测量仪器的示值误差是指"测量仪器示值与对应输入量的参考量值之差"，也可简称为测量仪器的误差。

什么是示值？示值就是由测量仪器所指示的被测量值。示值概念具有广义性，如：测量仪器指示装置标尺上指示器所指示的量值，即直接示值或乘以测量仪器常数所得到的示

值；对于实物量具，量具上标注的标称值就是示值；对模拟式测量仪器而言，示值概念也适用于相邻标尺标记间的内插估计值；对于数字式测量仪器，其显示的数字就是示值；示值也适用于记录仪器，记录装置上的记录元件位置所对应的被测量值就是示值。测量仪器的示值误差就是指测量仪器的示值与被测量的真值之差。这是测量仪器最主要的计量特性之一，其实质就是反映了测量仪器准确度的大小，是测量仪器准确度表述的一种常用形式。示值误差大，则其准确度低；示值误差小，则其准确度高。

示值误差是对应输入量的参考量值而言的。在实际工作中，常用约定量值或标准值作为参考量值。为确定测量仪器的示值误差，当其接受高等级的测量标准器检定或校准时，则标准器复现的量值即为约定量值，通常称为标准值或实际值，即满足规定准确度的标准值用来作为参考量值：

$$（指示式测量仪器的）示值误差 = 示值 - 标准值 \quad (2-5)$$
$$（实物量具的）示值误差 = 标称值 - 标准值 \quad (2-6)$$

通常测量仪器的示值误差可以用绝对误差表示，也可以用相对误差表示。确定测量仪器示值误差的大小，是为了判定测量仪器是否合格，或为了获得其示值的修正值。

修正值是指"用代数方法与未修正测量结果相加，以补偿其系统误差的值"。修正值等于负的误差：

$$修正值 = -误差 \quad (2-7)$$

（二）测量仪器的引用误差

测量仪器的引用误差是指"测量仪器的误差除以仪器的特定值"。特定值一般称为引用值，它可以是测量仪器的量程，也可以是标称范围或测量范围的上限等。测量仪器的引用误差就是测量仪器的绝对误差与其引用值之比，简称为引用误差。

相对误差是相对于被检定点的示值而言的，相对误差是随示值而变化的。当用测量范围的上限值作为引用值时，通常可在误差数字后附以满刻度值的英文缩写 FS（Full Scale）。例如，某测力传感器的满量程最大允许误差为±0.05%FS。

采用引用误差可以十分方便地表述测量仪器的准确度等级，例如，指示式电工仪表分为 0.1、0.2、0.5、1.0、1.5、2.5、5.0 七个准确度等级，它们的仪表示值最大允许误差都是以量程的百分数（%）来表示的，即 1 级电工仪表的最大允许误差表示为±1%FS，实际上就是该仪器用引用误差表示的仪器最大允许误差。

（三）最大允许测量误差

最大允许测量误差简称最大允许误差（用 MPE 表示），是指对给定的测量、测量仪器或测量系统，由规范或规程所允许的，相对于已知参考量值的测量误差的极限值。

这是指在规定的参考条件下，测量仪器在技术标准、计量检定规程等技术规范中所规定的允许误差的极限值。这里规定的是误差极限值，所以实际上就是各计量性能所要求的最大允许误差值。测量仪器的最大允许误差可简称为最大允许误差，也可称为测量仪器的误差限。当它是对称双侧误差限，即有上限和下限时，可表达为：最大允许误差 MPE = ± MPEV。其中 MPEV 为最大允许误差的绝对值的英文缩写。最大允许误差可以用绝对误差形式表示。

例如，测量上限大于（1000~2000）mm 的游标卡尺，按其不同的分度值和测量尺寸范围，所规定的最大允许误差见表 2-1[①]（以绝对误差形式表示）。

表 2-1　游标卡尺最大允许误差（单位：mm）

测量尺寸范围 （mm）	分度值	
	0.05	0.1
	最大允许误差	
500~1000	±0.10	±0.15
1000~1500	±0.15	±0.20
1500~2000	±0.20	±0.25

1 级材料试验机的最大允许误差"±1.0%"，是以相对误差形式表示的 0.25 级弹簧管式精密压力表的最大允许误差"0.25%×满刻度值"，是以引用误差形式表示的，在仪器任何刻度上允许误差限不变。

要区别和理解测量仪器的示值误差与测量仪器的最大允许误差之间的关系。两者的区别是：最大允许误差是指技术规范（如标准、检定规程）所规定的允许的误差极限值，是判定是否合格的一个规定要求；而测量仪器的示值误差是测量仪器示值与对应输入量的参考量值之差，即示值误差的实际大小，是通过检定或校准得到的，可以评价是否满足最大允许误差的要求，从而判断该测量仪器是否合格，或根据实际需要提供修正值，以提高测量结果的准确度。可见测量仪器的最大允许误差和示值误差具有不同概念。

测量仪器的示值误差是某一点示值对约定量值之差，测量仪器的示值误差的值是确定的，其符号也是确定的，可能是正误差或负误差；示值误差是实测得到的数据，可以用示值误差获得修正值以便对测量仪器进行修正，而最大允许误差只是一个允许误差的规定范围，是人为规定的一个具有"±"号的区间范围。在文字表述上，最大允许误差是一个专用术语，最好不要分割，要规范化，可以把所指最大允许误差的对象作为定语放在前面，如"示值最大允许误差"，而不采用"最大允许示值误差""示值误差的最大允许值"等。

---

① 本节表格均引自苗瑜. 计量管理基础知识第 4 版. 郑州：黄河水利出版社，2014：86.

而测量仪器的示值误差前面不应加"±"号，测量仪器的示值误差只对某一点示值而言，并不是一个区间过去有的把带有"±"号的最大允许误差作为"示值误差"要求，只是一种习惯使用方法，实际上是指示值最大时的允许误差的要求。测量仪器的示值误差和最大允许误差的具体关系，通常用测量仪器各点示值误差的最大值和最大允许误差比较，是否符合最大允许误差要求，即是否在最大允许误差范围之内，如在范围内则该测量仪器的示值误差为合格。

六、测量准确度和测量仪器的准确度等级

（一）测量准确度

测量准确度简称准确度，是指被测量的测得值与其真值间的一致程度。它是一个定性的概念，不是一个量，不能给出有数字的量值，当测量提供较小的测量误差时就说该测量是较准确的，或测量准确度较高。定量表示测量仪器的准确度时，可用测量仪器的最大允许误差或测量仪器的准确度等级。

（二）准确度等级

准确度等级是指在规定工作条件下，符合规定的计量要求，使测量误差或仪器不确定度保持在规定极限内的测量仪器或测量系统的等别或级别。

也就是说，准确度等级是在规定的参考条件下，按照测量仪器的计量性能所能达到的规定允许误差所划分的仪器的等别或级别，它反映了测量仪器的准确程度，所以准确度等级是对测量仪器特性的具有概括性的描述，也是测量仪器分类的主要特征之一。测量仪器按计量特性的允许误差极限大小划分准确度等级，有利于量值传递或溯源，有利于制造生产和销售，以及有利于用户合理地选用测量仪器。

准确度等级划分的主要依据是测量仪器示值的最大允许误差，当然有时还要考虑其他计量特性指标的要求，等和级的区别通常是这样约定的：测量仪器加修正值使用时分为等，使用时不加修正值时分为级；有时测量标准器分为等，工作计量器具分为级。通常准确度等级用约定数字或符号表示，如 0.2 级电压表、0 级量块、一等标准电阻、Ⅲ级秤等，通常测量仪器准确度等级在相应的技术标准、计量检定规程或有关规范等文件中做出规定，具体规定出划分准确度等级各项有关计量性能的要求及其允许误差范围。

实际上，准确度等级只是一种表达形式，这些等级的划分仍是以最大允许误差、引用误差等一系列有内涵的量来定量表述的。例如：电工测量指示仪表按仪表准确度等级分为 0.1、0.2、0.5、1.0、1.5、2.5、5.0 七级，具体地说，就是该测量仪器以满刻度值为引用

值的引用误差,如 1.0 级指示仪表则其引用误差为±1.0%FS。百分表准确度等级分为 0、1、2 级,则主要是以示值最大允许误差来确定的。一等、二等标准水银温度计就是以其示值的最大允许误差来划分的,所以,准确度等级实质上是以测量仪器的误差来定量地表述测量仪器准确度大小。

有的测量仪器没有准确度等级指标,测量仪器的性能就是用测量仪器示值的最大允许误差来表述的。这里要注意,测量仪器准确度、准确度等级、测量仪器示值误差、最大允许误差、引用误差等概念含义是不同的。测量仪器准确度是定性的概念,它可以用准确度等级、测量仪器示值误差等来定量表述。

要注意区分测量仪器的准确度和准确度等级的区别。准确度等级只是确定了测量仪器本身的计量要求,它并不等于用该测量仪器进行测量时所得测量结果的准确度高低,因为准确度等级是指仪器本身而言的,是在参考条件下,测量仪器误差的允许极限。

第二节 测量数据处理与修约

一、坏值的判别与剔除

(一) 坏值产生的原因

坏值产生的原因既有测量人员的主观因素,如读错、记错、写错、算错,也有环境干扰的客观因素,如测量过程中突发的机械振动、电磁干扰、电压跌宕、温度波动等使测量仪器示值突变,产生坏值。此外,使用有缺陷的计量器具,或者计量器具使用不正确,也是产生坏值的原因。

(二) 消除坏值的方法

在重复条件下的多次测得值中,有时会发现个别值明显偏离该数据列的算术平均值,对它的可靠程度产生怀疑,这种可疑值不可随意取舍,因为它可能是坏值,也可能是误差较大的正常值,反映了正常的分散性。正确的处理办法是:对可以判断是由于写错、记错、误操作等外界条件的突变而产生的坏值,直接予以剔除;不能确定是坏值时,可根据统计规律进行判断是否可以剔除;应用统计计算也不能判断时,应予保留,不得随便剔除。

（三） 判别坏值的准则

判别坏值的方法很多，例如莱依达准则、肖维勒准则、狄克逊准则以及格拉布斯准则等。

莱依达准则也称 3S 准则，该准则认为：如果测量列某一测得值的残差（测得值与测量列平均值之差）大于这一测量列测得数据的实验标准偏差的三倍，则对应的这一测得值为"坏值"，可以剔除该值。

莱依达准则应反复使用于测量列，直到不再含有坏值为止。测量次数较小（10 次以下）时，莱依达准则很难发现坏值。

1．正确数和近似数

正确数是不具有近似性或不确定性的数，是数学意义上的数。换一句话说，不带测量误差的数为正确数。如操场上有 200 人的"200"，15 个苹果的"15"，$C = 2\pi R$ 的"2"等就是正确数。

接近但不等于某一数的数，称为该数的近似数。近似数是接近正确数，与正确数的真实值相差很小的数，是物理意义上的数。所有的测量数据都是近似数。

$\pi = 3.141\ 592\ 653\ 58\cdots\cdots$的近似数为 3.14。

2．准确数字和可疑数字

任何一个测量结果都由准确数字和可疑数字两部分组成。测量结果中除末位数字为可疑的或具有不确定性外，其余数字均应为准确的、已知的。

测量数值与测量不确定度密切相关，34.5、34.50、34.500 在数学上可视为同一数值，但作为测量数据，其有效位数不同，表明具有的测量不确定度不同。

3．有效数字

若测量结果经修约后的数值，其修约误差绝对值 ≤0.5（末），则该数值称为有效数字，即从左起第一个非零的数字到最末一位数字为止的所有数字都是有效数字。

二、数值修约规则

除非有特殊的规定，对数值的修约应按《数值修约规则》的规定进行。

第一，将拟修约数值在欲保留数位截断后，若以保留数字的末位为单位，它后面的数大于 0.5 者，末位进一；小于 0.5 者，末位不变；恰为 0.5 者，则视末位的奇偶修约为偶数。经过修约后的数值其舍入误差的绝对值 ≤0.5（末）。

第二，修约必须一次完成，不得连续修约。下述修约是错误的：

1.327 465→1.327 46→1.327 5→1.328

第三，当计量数据需要报出时，先将测量获得数值按指定的数位多一位（或几位）报出，而后由其他部门判定使用并且做出最后修约的情况下，若数字修约恰巧发生在合格与否的边界时（如拟保留末位数字为5），为避免连续修约，则要用符号（+）或（-）分别补充说明数据修约时的取或舍，说明数值的大小。标注（+）号时，表示实际值比报出值大；标注（-）号时，表示实际值比报出值小；不标注时，表示未进入或者舍去。

第四，修约间隔。修约间隔是确定修约保留位数的一种方式，也称为修约区间。修约间隔一经确定，修约数只能是修约间隔的整数倍。修约间隔一般以 $k \times 10^n$ 形式表示，称为以"k"为间隔修约，并由 n 确定修约到哪一位。在大多数情况下，k 为1，即以"1"为间隔修约，在某些情况下，也采用"2"或"5"间隔修约。

对于"2"或"5"间隔修约，可先将拟修约数分别除以2或5，然后按"1"间隔进行修约，最后再将修约数乘以2或5，最后的数据应为2或5的整数倍。

第五，数据修约场合不同，修约要求不同。例如：①对误差或不确定度的修约可采用"就大不就小"的原则，只进不舍；②对有效自由度的计算，则采用"就小不就大"的原则，只舍不进等。

三、有效数值的近似计算

近似运算又称数字运算，如对测量结果做加、减、乘、除、开方、乘方、三角函数运算等数字运算时应注意有效数字。以下介绍近似运算的加、减、乘、除运算规则。

第一，近似数的加减运算。近似数的加减，以小数点后位数最少的为准，其余各数均修约成比该数多保留一位，计算结果的小数位数与小数位数最少的那个近似数相同。

第二，近似数的乘除运算。近似数的乘除，以有效数字位数最少的为准，其余各数均修约成比该数多一个有效数字；计算结果有效数字位数，与有效数字位数最少的那个数相同，而与小数点后位数无关。

第三，极限数值的判定。测量仪器的技术指标（包括性能指标和使用指标）经常会涉及极限数值。对极限数值的判定应依据相关规定。一般情况下，标准和规程技术指标的有效位数应给足够，为了判定测量结果是否符合要求，对于全数值比较法，是将测量结果（不经数据修约）直接与规定的技术指标（极限数值）比较；对于修约值比较法，往往取测量数据比技术指标多一位数字，再将其修约到标准和规程技术指标的有效位数进行比较。两种判定方法判断出的结论有时是不同的：具体采用哪种判断方法，要根据规程或标准的规定。

第三节　测量的不确定度及其评定

一、测量不确定度的概念

（一）测量不确定度的定义

"在实验室认可中，需要测量不确定度的信息来申请计量校准和检测能力，在计量检定工作中，需要测量不确定度的信息来判定被检计量器具是否合格。"[①] 测量不确定度简称不确定度，是指根据所用到的信息，表征赋予被测量量值分散性的非负参数。

赋予被测量的量值就是我们通过测量给出的被测量的估计值。测量不确定度是说明测量结果的不可确定程度或可信程度的参数，它可以通过评定得到。例如，当得到的测量结果为 $m=500\text{g}$，$U=1\text{g}$（$k=2$）时，就可以知道被测件的质量以约95%的概率在（500±1）g 区间内，这样的测量结果比 500g 给出了更多的可信度信息。

由于测量的不完善和人们认识的不足，对被测量测得的量值是具有分散性的。这种分散性有以下两种情况：

第一，由于各种随机性因素的影响，每次测量的测得值不是同一个值，而是以一定概率分布分散在某个区间内的许多值。

第二，虽然有时存在一个系统性因素的影响，引起的系统误差实际上恒定不变，但由于我们不能完全知道其值，也只能根据现有认识，认为这种带有系统误差的测得值是以一定概率可能存在于某个区间内的某个位置，也就是以某种概率分布存在于某个区间内，这种概率分布也具有分散性。

测量不确定度是说明被测量测得的量值分散性的参数，它不说明测得值是否接近真值。

为了表征测得值的分散性，测量不确定度用标准偏差表示，因为在概率论中标准偏差是表征随机变量或概率分布分散性的特征参数。当然，为了定量描述，实际上是用标准偏差的估计值表示测量不确定度：估计的标准偏差是一个正值，因此不确定度是一个非负的参数。

测量不确定度意味着对测量结果的正确性或准确性的可疑程度（不确定程度），是用于表达测量结果质量优劣的一个指标，不确定度越小，则可靠性越大，测量质量越高。

---

① 高维胜，羊衍富. 测量不确定度评定方法及应用分析［J］. 机电元件，2022，42（05）：44.

（二）测量不确定度与测量误差的比较

测量不确定度是对产生误差影响量的分散性估计，是对被测量真值所处范围的评定。它与测量误差紧密相连，但却有区别，表 2-2 给出了一些基本的比较。

表 2-2　测量不确定度与测量误差的比较

内容	测量不确定度	测量误差
定义	表明被测量之值的分散性，是一个区间。用标准偏差、标准偏差的倍数或说明了包含概率的区间的半宽度来表示	表明测量结果偏离真值，是一个确定的值
分类	按是否用统计方法求得，分为 A 类评定和 B 类评定，它们都以标准不确定度表示 在评定测量不确定度时，一般不必区分其性质，需要区分时，应表述为"由随机效应引入的测量不确定度分量"和"由系统效应引入的不确定度分量"	按出现于测量结果中的规律，分为随机测量误差和系统测量误差，它们都是无限多次测量的理想概念
可操作性	测量不确定度可以由人们根据实验、资料、经验等信息进行评定，从而可以定量确定测量不确定度的值	由于真值未知，往往不能得到测量误差的值当用约定量值代替真值时，可以得到测量误差的估计值
数值符号	是一个无符号的参数，恒取正值。当由方差求得时，取其正平方根	非正即负（或零），不能用正负号（±）表示
合成方法	当各分量彼此独立时用方和根法合成，否则应考虑相关项	各误差分量的代数和
结果修正	不能用测量不确定度对测量结果进行修正，对已修正测量结果进行不确定度评定时，应考虑修正不完善引入的不确定度分量	已知系统测量误差的估计值时，可以对测量结果进行修正，得到已修正的测量结果
结果说明	测量不确定度与人们对被测量、影响量以及测量过程的认识有关合理赋予被测量的任一个值，均具有相同的测量不确定度	误差是客观存在的，不以人的认识程度而转移。误差属于给定的测量结果，相同的测量结果具有相同的误差，而与得到该测量结果的测量仪器和测量方法无关
实验标准差	来源于合理赋予的被测量之值，表示同一观测列中，任一个估计值的标准不确定度	来源于给定的测量结果，它不表示被测量估计值的随机测量误差
自由度	可作为不确定度评定可靠程度的指标	不存在
包含概率	当了解分布时，可按包含概率给出包含区间	不存在

（三） 测量不确定度的分类

测量不确定度分为标准测量不确定度、合成标准测量不确定度和扩展测量不确定度。标准测量不确定度的评定又分为测量不确定度的 A 类评定、测量不确定度的 B 类评定。

第一，标准测量不确定度简称标准不确定度，是指以标准偏差表示的测量不确定度。

第二，测量不确定度的 A 类评定简称 A 类评定，是指对在规定测量条件下测得的量值用统计分析的方法进行的测量不确定度分量的评定。

第三，测量不确定度的 B 类评定简称 B 类评定，是指用不同于测量不确定度 A 类评定的方法对测量不确定度分量进行的评定。

第四，合成标准测量不确定度简称合成标准不确定度，是指由在一个测量模型中各输入量的标准测量不确定度获得的输出量的标准测量不确定度。

第五，扩展测量不确定度简称扩展不确定度，是指合成标准不确定度与一个大于 1 的数字因子的乘积。

（四） 测量不确定度的相关概念

第一，包含区间是指基于可获得的信息确定的包含被测量一组值的区间，被测量值以一定概率落在该区间内。包含区间可由扩展测量不确定度导出。

第二，包含概率是指在规定的包含区间内包含被测量的一组值的概率。

第三，包含因子是指为获得扩展不确定度，对合成标准不确定度所乘的大于 1 的数，包含因子通常用符号 k 表示。

扩展不确定度、合成标准不确定度和包含因子三者的关系如下：

$$\text{扩展不确定度} = \text{包含因子} \times \text{合成标准不确定度} \tag{2-8}$$

$$\text{合成标准不确定度} = \text{扩展不确定度} \div \text{包含因子} \tag{2-9}$$

$$\text{包含因子} = \text{扩展不确定度} \div \text{合成标准不确定度} \tag{2-10}$$

二、测量不确定度的评定方法

（一） 用 GUM 法评定测量不确定度的适合条件

用 GUM 法评定测量不确定度适合以下三种情况：

第一，可以假设输入量的概率分布呈对称分布。

第二，可以假设输出量的概率分布近似为正态分布或 t 分布。

第三，测量模型为线性模型、可转化为线性的模型或可用线性模型近似的模型。

（二） 用 GUM 法评定测量不确定度的步骤

用 GUM 法评定测量不确定度的步骤如下：

1. 分析测量不确定度来源

不确定度来源的分析取决于对测量方法、测量设备、测量条件及被测量的详细了解和认识，必须具体问题具体分析。所以，测量人员必须熟悉业务，钻研专业技术，深入研究有哪些可能的因素会影响测量结果，根据实际测量情况分析对测量结果有明显影响的不确定度来源。

分析不确定度来源时要注意，由测量所得到的测得值只是被测量的估计值，测量过程中的随机效应和系统效应均会导致测量不确定度。对已知估计值的系统误差可以采用修正来补偿。由系统误差的估计值可以求得修正值或修正因子，从而得到已修正的测量结果，但由于参考量值是有不确定度的，因此由系统误差的估计值得到的修正值也是有不确定度的，这种修正只能起到补偿的作用，不能完全消除系统误差。在评定已修正的被测量的估计值时，还要考虑修正值引入的不确定度。

不确定度的来源可从以下方面考虑：

（1） 被测量的定义不完整。

（2） 复现被测量的测量方法不理想。

（3） 取样的代表性不够，即被测样品不能代表所定义的被测量。

（4） 对测量过程受环境影响的认识不恰当，或对环境条件的测量与控制不完善。

（5） 对模拟仪表读数存在人为偏移。

（6） 测量仪器计量性能的局限性。

（7） 测量标准或标准物质的不确定度。

（8） 引用的数据或其他参量的不确定度。

（9） 测量方法和测量程序的近似与假设。

（10） 在相同条件下被测量在重复观测中的变化。

2. 建立测量数学模型

测量的数学模型是指测量结果与其直接测量的量、引用的量以及影响量等有关量之间的数学函数关系。

当被测量 Y 与 N 用各其他量 X_1、X_2、$\cdots$、X_n 的函数关系确定时，被测量的数学模型为：

$$Y = f(X_1, X_2, \cdots, X_n) \tag{2-11}$$

被测量的测量结果称输出量，输出量 Y 的估计值 y 是由各输入 X_i 的估计值 x_i 按数学模

型确定的函数关系 f 计算得到的：

$$y = f(x_1, x_2, \cdots, x_n) \tag{2-12}$$

数学模型中输入量可以是：①当前直接测量的量；②由以前测量获得的量；③由手册或其他资料得来的量；④对被测量有明显影响的量。

例如：用温度计测量一杯水的温度，测量结果 y 就是温度计（测量器具）的示值 x。又如，用一卡尺测量工件的尺寸时，则工件的尺寸就等于卡尺的示值。通常用多次独立重复测量的算术平均值作为被测量的测量结果。

如果数据表明测量函数没能将测量过程模型化至测量所要求的准确度，则要在测量模型中增加附加输入量来反映对影响量的认识不足。

3. 评定标准不确定度分量

测量不确定度一般由若干分量组成，每个分量用其概率分布的标准偏差估计值表征，称标准不确定度。用标准不确定度表示的各分量用符号"ui"表示。评定标准不确定度有两种方法，即 A 类评定和 B 类评定。

（1）标准不确定度的 A 类评定。对在规定测量条件下测得的量值用统计分析的方法进行的测量不确定度分量的评定为 A 类评定。

（2）标准不确定度的 B 类评定。用不同于测量不确定度 A 类评定的方法对测量不确定度分量进行的评定为 B 类评定。标准不确定度的 B 类评定是借助于一切可利用的有关信息进行科学判断，得到估计的标准偏差。

被测量值的概率分布可根据以下情况设定：

第一，一些情况下，只能估计被测量的可能值区间的上限和下限，测量值落在区间外的概率几乎为零。若测量值落在该区间内的任意值的可能性相同，则可假设为均匀分布；若落在该区间中心的可能性最大，则假设为三角分布；若落在该区间中心的可能性最小，而落在该区间上限和下限处的可能性最大，则假设为反正弦分布。

第二，当对被测量的可能值落在区间内的情况缺乏了解时，一般假设为均匀分布。

4. 合成标准不确定度的计算

各标准不确定度分量无论是用 A 类评定方法还是用 B 类评定方法，得到的都是标准不确定度。合成标准不确定度是由各标准不确定度分量合成得到的，合成标准不确定度用符号" $u_c(y)$ "表示。

在测量工作中经常会遇到相关性问题，例如：①用同一台仪器、同样的实物标准或参考数据所得到的两个输入量的估计值；②多次测量的平均值和单次观测值之间（测量次数越少，相关性越强）；③位置接近的两个物体的温度之间；④由物理定律相联系的两个物理量之间等。

相关系数的处理：相关系数可用统计的方法求得，也可用实验的方法判别。由于其计算麻烦，在实际工作中往往不去具体计算，而是采取一些技术处理措施，例如：

（1）把两个弱相关的输入分量按相互独立无关处理。

（2）虽无法确认两输入分量的相关系数，但明确其对合成结果的贡献较小，可按不相关处理。

（3）把强相关的分量按完全（正/负）相关处理。

（4）把强相关的分量合成一个分量，不相关的分量合成一个分量，然后再按彼此独立合成。

（5）若两输入分量的相关性对结果有影响，且确认其相关系数小于 0，此时又无合适方法处理相关性问题，可做不相关处理，但后果是所得合成标准不确定度比实际情况大（往往并不产生严重后果）。

（6）在某些情况下通过选择合适的输入量改变其相关性。

（7）选择合适的测量程序，有时也可避免处理相关性问题。

（8）从实验测量其相关性等。

第三章　量值传递与量值溯源

第一节　量值传递与量值溯源的体系

一、量值传递与溯源的概念

"全国量值一致性、可信性对推动国民经济发展、加强计量监督管理工作有着重要意义，保证计量数据的精准性和有效性，这就要全面加强量值传递、量值溯源的研究工作。"[①]

将国家计量基准所复现的计量单位量值，通过检定（或其他传递方式）传递给下一等级的计量标准，并依次逐级传递到工作计量器具，以保证被测量的量值准确一致，称为量值传递。

同一量值，用不同的计量器具进行测量，若其测量结果在要求的准确度范围内达到统一，则称为量值准确一致。

量值准确一致的前提是，测量结果必须具有溯源性，即被测量的量值必须具有能与国家计量基准或国际计量基准相联系的特性。要获得这种特性，就要求用以测量的计量器具必须经过具有适当准确度的计量标准的检定，而该计量标准又受到上一等级计量标准的检定，逐级往上追溯，直至国家计量基准或国际计量基准。由此可见，溯源性的概念是量值传递的逆过程。对社会大力进行溯源性的宣传教育，是使人们正确认识计量工作的重要环节。

溯源性的定义为：通过一条具有规定不确定度的不间断的比较链，使测量结果或计量标准的值能够与规定的参考标准，通常是与国家计量标准或国际计量标准联系起来的特性。这条不间断的比较链称为溯源链。

二、量值传递及溯源的必要性

任何计量器具，由于种种原因，都具有不同程度的误差。计量器具的误差只有在允许

---

① 刘丹. 量值传递和量值溯源的实施 [J]. 设备管理与维修，2019（24）：24.

范围内才能应用，否则将得出错误的测量结果。如果没有国家计量基准、计量标准及进行量值传递或溯源，欲使新制的、使用中的、修理后的、不同形式的、分布于不同地区的、在不同环境下测量的同一量值的计量器具，都能在允许的误差范围内工作，是不可能的。

对于新制的或修理后的计量器具，必须用适当等级的计量标准来确定其计量特性是否合格；对于使用中的计量器具，由于磨损、使用不当、维护不良、环境影响或零件、部件内在质量的变化等引起的计量器具的计量特性的变化，是否仍在允许范围之内，也必须用适当等级的计量标准来确定其示值和其他计量性能。因此，量值传递及溯源的必要性是显而易见的。

三、量值传递、溯源及保证量值准确一致的基础

（一）技术基础

主要的技术基础如下：

第一，保证以最高准确度复现计量单位的国家计量基准体系。

第二，将国家计量基准的量值传递到工作计量器具的计量标准体系。

第三，用以保证计量器具准确一致的，或保证材料成分与性能检测时准确一致的标准物质体系。

第四，计量器具的研制、生产及修理的体系。

第五，计量器具的新产品定型鉴定体系。

第六，计量器具的检定体系等。

（二）法制基础

主要的法制基础如下：

第一，计量法及有关法规体系。

第二，计量检定系统体系。

第三，计量检定规程体系。

第四，具有法定性质的操作规范体系。

第五，有关的国家标准等。

（三）组织基础

主要的组织基础如下：

第一，国家计量部门及其计量研究机构。

第二，各级地方计量部门及其检定、研究机构。

第三，各部委系统的计量部门及有关研究机构。

第四，各企业、事业单位的计量机构及有关实验室。

第五，培养计量人才的院校及短期培训班。

第六，有关计量书刊的出版机构等。

四、量值传递与溯源体系

对于一个国家来说，每一个量值传递或溯源体系只允许有一个国家计量基准。在我国，大部分国家计量基准保存在中国计量科学研究院。较高准确度等级的计量标准，大多数设置在省级或部委级计量技术机构及计量准确度要求很高的少数大企业内。较低准确度等级的计量标准，大多数设置在地、县级计量技术机构及计量要求较高的大、中型企业中。而工作计量器具则广泛应用于工矿、企业、商店、医院、研究机构、院校，甚至家庭之中，由此构成了量值传递或溯源体系。该体系的形式呈三角形或树枝形。

通过一条具有规定不确定度的不间断的比较链，使测量结果或测量标准的值能够与规定的参考标准的值（通常是国家计量基准或国际计量基准）联系起来的特性，称为量值溯源性。

这种特性使所有的同种量值，都可以按这条比较链，通过校准向测量的源头追溯，也就是溯源到同一个计量基准（国家基准或国际基准），从而使测量的准确性和一致性得到技术保证。否则，量值出于多源或多头，必然会在技术上和管理上造成混乱。

量值溯源等级图，也称为量值溯源体系表，它是表明测量仪器和计量特性与给定量的计量基准之间的关系的一种代表等级顺序的框图。该图对给定量及其测量仪器所用的比较链进行量化说明，以此作为量值溯源性的证据。

第二节 量值传递与量值溯源的方式与标准

一、量值传递与溯源的方式

（一）用计量基准及计量标准进行逐级传递

这是传统的量值传递方式，即把受检计量器具送到具有高一等级计量标准的计量技术机构检定。这种量值传递方式比较费时、费钱，有时检定好的计量器具经过运输后，受到震动、撞击、潮湿或温度的影响，丧失了原有的准确度；而且它只对送检的计量器具进行检定，而对其使用时的操作方法、操作人员的技术水平、辅助设备及环境条件等均没有考核；对于该计量器具两次周期检定之间缺乏必要的技术考核，因此很难确保用该计量器具在日常测试中量值的可靠。尽管有这么多的缺点，但到目前为止，它还是量值传递的主要方式。

大型、笨重或安装在线的计量器具不便于送检，这时可将能搬运的计量标准包括辅助设备，组装成检定车，到现场对受检计量器具进行检定。有时检定车本身就是一个计量标准，如用检衡车检定轨道衡。

（二）发放有证标准物质进行传递

1. 用有证标准物质进行传递的特点

标准物质又称"参考物质"，是一种或多种足够均匀和很好地确定了特性的，用以校准测量装置（计量器具）、评价测量方法或给材料赋值的材料或物质。

标准物质必须由国家计量部门或由它授权的单位进行制造，并附有合格证书才有效。这种有效的标准物质称为"有证标准物质"[①]（CRM）。

使用 CRM 进行传递具有很多优点，例如，可避免送检仪器，可以快速评定并可在现场使用等。目前，这种方式主要用于化学计量领域。

2. 用 CRM 进行传递的一般环节

第一环节为基本单位，它说明 CRM 均可溯源到国家计量基准。

第二环节为公认的定义测量法，也称为权威性方法，它是指有正确的理论基础，量值可直接由基本单位计算，或间接用与基本单位有关的方程计算，方法的系统误差可以基本上消除，因而可以得到约定真值的测量结果。化学分析方面经典的重量分析法、库仑分析法、电能当量测定法、同位素稀释质谱法及中子活化分析法等均属于这种权威性方法。实现这种方法需要高精度设备、技术熟练的科技人员，耗费较多资金和时间，所以这种方法一般只用来测定一级 CRM 的特性值。

第三环节为一级 CRM，它用来研究和评价标准方法，控制二级 CRM 的研制和生产，用于高精度计量器具的校准。

第四环节为标准方法，它是指具有良好的测量重复性和再现性的方法，这种方法有的已经与定义测量法进行过比较验证，可给出方法的准确度；有的只知道其精密度，这时就

---

① 有证标准物质指附有证书的标准物质，其一种或多种特性值用建立了溯源性的程序确定，使之可溯源到准确复现的用于表示该特性值的计量单位，而且每个标准值都附有给定置信水平的不确定度。

须采用两种以上原理的标准方法进行比较，以确定有无系统误差。用标准方法可测定二级 CRM 的特性值。

第五环节为二级 CRM，它是用来研究和评价现场方法及用于一般计量器具的校准。

第六环节为现场方法，即大量应用于工厂、矿山、实验室和监测单位的各种测量方法。

在 CRM 传递中，使用"校准"一词，这与"检定"是有区别的。"检定"是查明和确认计量器具是否符合法定要求的程序，它包括检查、加标记和（或）出具检定证书；而"校准"是在规定条件下，为确定计量器具或测量系统所指示的量值，或实物量具或参考物质所代表的量值，与对应的由标准所复现的量值之间关系的一组操作。

（三） 通过发播标准信号进行传递

通过发播标准信号进行量值传递是简便、迅速和准确的方式，但目前只限于时间频率计量。我国通过无线电台，早就发播了标准时间频率信号。以后随着国家通信广播事业的发展，中国计量科学研究院将小型铯束原子频标放在中央电视台发播中心，由中央电视台利用彩色电视副载波定时发播标准频率信号，并于 20 世纪 80 年代开始试播标准时间信号。这样，用户可直接接收并可在现场直接校正时间频率计量器具。

随着卫星技术的发展，出现了利用卫星发播标准时间频率信号的方式。这种传递方式具有很好的前景，由于时间频率计量的准确度比其他基本量高几个数量级，因此，计量科学家正在研究使其他基本量与频率量之间建立确定的联系，这样便可以像发播时间频率信号那样来传递其他基本量了。

二、计量基准与计量标准

（一） 计量基准

1. 一般说明

（1）基本概念。在我国，国家计量基准由国家计量行政部门负责建立。每一种国家计量基准均有一个相应的国家计量检定系统表。

国家计量基准根据需要可代表国家参加国际比对，使其量值与国际计量基准的量值保持一致。

国家计量基准应具有复现、保存、传递单位量值的三种功能。它应包括能实现上述三种功能所必需的计量器具和主要配套设备。

一种国家计量基准可以由几台不同量值、测量范围可相互衔接的计量基准所组成。例如："$10 \sim 10^6$N 力值国家基准"包括四台不同测量范围的基准测力机组。

国家计量基准的使用必须具备相应条件：经国家鉴定合格并经长期稳定性考核，证明其稳定性良好，符合要求；具有正常工作所需的环境条件；具有称职的保存、维护、使用人员；具有完善的管理制度。符合上述条件的，经国家计量行政部门审批并颁发国家计量基准证书后，方可使用。

"国际计量基准"（又称国际测量标准）的含义是：经国际协议承认的计量标准，在国际上作为对有关量的其他计量标准定值的依据。

（2）计量基准的准确度与科学技术和工业生产水平及发展的关系。

计量基准的准确度既反映本国科学技术和工业生产的水平，又影响着本国科学技术和工业生产的发展。

以长度计量为例：在 19 世纪初，当时的机械工业只要求测量的不确定度约 2.5×10^{-4}m。而到 20 世纪初，要求测量的不确定度达到 1×10^{-5}m。即经过 100 年，对准确度要求只提高了 25 倍。到了 20 世纪 50 年代，要求测量的不确定度为 2.5×10^{-7}m，即又经过了 50 年，对准确度要求却提高了 40 倍。到 20 世纪 80 年代初，要求测量的不确定度达到 2.5×10^{-9}m，即又经过 30 年，对准确度要求又提高了 100 倍。可见，近 100 多年来，科学技术和工业生产的发展越来越快，对测量的准确度要求提高的速度也越来越快。与此同时，长度基准的准确度也不断提高。20 世纪 50 年代以前，长度基准的测量不确定度为 1×10^{-7}m；到 60 年代，不确定度为 4×10^{-9}m；到 70 年代末，不确定度为 2×10^{-10}m。从这里可以看到，计量基准的准确度始终高于生产需要的测量准确度，而计量技术的发展，又有赖于科技的发展。

（3）人工基准与自然基准。计量基准的稳定度是至关重要的计量特性，是计量科学家研究的重要课题。为了追求高稳定性，有些计量基准经历了"初级人工基准—宏观自然基准—高级人工基准—微观自然基准"的发展道路。"人工基准"是指以实物来定义并复现测量单位，所以又称为"实物基准"；"自然基准"是指以自然现象或物理效应来定义测量单位，但仍须以实物（计量器具）来复现它。所以这两者的区别，仅仅在测量单位的定义上。

2. 计量基准的维护

（1）环境条件。

第一，保证温度恒定。温度的恒定与计量基准的量值准确有直接关系。

第二，保证规定的湿度。一般要求湿度不大于 70%，因为电量、几何量、质量的物质特性与湿度有重要的关系，尤其是电的绝缘性能以及金属防锈的需要。

第三，尽量减少干扰。基本上没有电磁、振动、噪声等干扰及污染的环境，是保存和使用计量基准的重要条件。此外，某些计量基准是不能断电的，必须有专用电缆或备用电源。

（2）专职维护人员。计量基准的维护是一项艰巨、复杂而又细致的重要工作，因此必须有专职维护人员。这类人员必须具有高度的责任感和认真的科学态度，要有丰富的专业技术知识和实践经验。一个优秀的专职维护人员，不仅能充分发挥计量基准的现有水平，而且能发现维护中存在的问题，并设法予以解决。

（3）建立计量基准的技术档案。计量基准具有法定性，必须有一套完整的技术档案，包括：计量基准建立过程的全部文件和主要图纸；使用过程的记录；出现的问题和改进措施；维护的情况及稳定性考核记录；它的比对记录和本身废除及更新的原因等，必须作为历史资料保存下来。有关国际比对的材料，尤其应当保存好。

国家计量基准的技术档案应有专人集中保管。

（二）计量标准的建立

计量标准是将计量基准量值传递到工作计量器具的一类计量器具。计量标准可以根据需要按不同准确度分成若干等级。

一般情况下，工作计量器具的准确度比计量标准低，但高精度工作计量器具的准确度往往比低等级的计量标准高。因此，不能认为准确度高的计量器具一定是计量标准。

我国计量标准的建立有严格的规定，即：

县级以上地方人民政府计量行政部门根据本地区的需要，建立社会公用计量标准器具，经上级人民政府计量行政部门主持考核合格后使用。

国务院有关主管部门和省、自治区、直辖市人民政府有关主管部门，根据本部门的特殊需要，可以建立本部门使用的计量标准器具，其各项最高计量标准器具经同级人民政府计量行政部门主持考核合格后使用。

企业、事业单位根据需要，可以建立本单位使用的计量标准器具，其各项最高计量标准器具经有关人民政府计量行政部门主持考核合格后使用。

计量标准可视需要设置一等、二等、……若干个等级。在很多情况下，各等级的计量标准不仅准确度不同，而且原理、结构也是不同的。

（三）计量基准、计量标准的发展趋势

1. 不断提高测量的准确度

现代计量中显著标志之一，是七个基本单位中，已有六个基本单位实现了微观量子计

量基准，使测量准确度大大提高。因为根据量子理论，微观世界的量只能是跃进式的改变，而不能发生任何微小的变化，即"稳定性"好。另外，同一类原子、分子无论何时何地都是严格一致的，即"齐一性"好。所以，利用这两种特性建立起来的量子计量基准相比实物基准有很多优越性，从而大大提高了测量的准确度。

2. 扩大测量范围

例如，在力值测量方面，火箭发动机须测量达 $5×10^7$ N 的特大力值，而生物研究中须测量单根肌肉纤维产生 $5×10^{-7}$ N 的特小力值，两者相差 14 个数量级。在压力计量方面，人工合成金刚石要求测量达 10^{12} Pa 的超高压，而核反应堆仪表和某些飞行仪表要求测量出 10^{-10} Pa 的超低压，两者相差 22 个数量级。在温度测量方面，对可控热核反应堆要求测量 10^{10} K 的超高温，而在低温工程等有关试验中要求测量 10^{-2} K 以下的超低温。在长度计量方面，要求测量超大距离约 10^{16} m 和超小距离 $0.001\mu m$。

这些"超大""超小"的测量，对科学技术的发展有着非常重要的意义。以长度测量为例，美国阿波罗登月计划的实现，若没有精确测定地球到月球的距离，显然是不可能的。那时美国是用大功率激光测距仪配合全反射材料进行测量的，这么遥远的距离，测量误差仅为 30cm。超小距离的测量，对微电子学的发展具有非常重要的意义，对超大规模集成电路的研制，必须进行超小距离的测量，如集成电路的线宽，1024 兆位芯片约为 $0.1\mu m$。

当线宽小至 $0.1\mu m$ 时，便可视为现有电子元件的发展极限。进一步发展，便要开发量子效应元件，即所谓的量子元件。实现量子元件，就必须将电子限制在极微小的空间，制作以纳米（10^{-9}m）计的量子薄膜、量子细线等，于是需要纳米测量。

3. 动态、连续、跟踪与快速测量

生产自动化使很多计量器具已经成为生产线的组成部分，由它们输出各种信息反馈到电子计算机中进行自动控制，要求在现场进行实时的连续校准。这种现象早就出现，现在正迅速发展，它要求计量标准的研制尽快跟上，以适应生产发展的需要。

4. 检定工作自动化、智能化

从 20 世纪 70 年代开始，微处理机、电子计算机已大量应用于各种计量器具中，为检定工作的自动化、智能化创造了条件。

实现检定工作自动化、智能化，不但可以提高检定工作的效率，消除检定时的人为误差，使检定工作由"主观"向"客观"过渡，而且还可以在短时间内获得大量的测量信息以便进行统计处理，以提高测量精度，或直接进行实时误差修正，这是手工方式进行检定难以做到的。

此外，检定工作自动化还能改善劳动条件，使检定人员不接触有害物质，减少大量的重复性劳动，使检定工作成为具有先进信息控制的技术工作。

第三节　计量的检定、校准和比对

一、检定、校准和检测概述

作为一线从事计量技术工作的计量技术人员，其主要和大量的工作是对计量器具（测量仪器）进行检定和校准，也包括在计量监督管理工作中涉及的对计量器具新产品和进口计量器具的型式评价，以及定量包装商品净含量的检验等检测工作。检定、校准和检测工作的技术水平高低、工作质量好坏直接影响到经济领域、社会生活和科学研究中量值的统一和准确可靠。因此，在某一专业从事计量工作的计量技术人员，必须具有熟练运用本专业计量技术法规、使用相关计量基准或计量标准、正确进行测量不确定度分析与评定和准确无误地出具计量证书报告、完成量值传递或量值溯源技术工作的能力。本节将就检定、校准和检测所涉及的基本概念、正确实施、有关的技术管理和法律责任等分别给以阐述。

（一）检定、校准、检测

1. 检定

检定是计量领域中的一个专用术语，是对计量器具检定或计量检定的简称。检定是指查明和确认计量器具是否符合法定要求的程序，它包括检查、加标记和（或）出具检定证书。也就是说，检定是为评定计量器具计量性能是否符合法定要求，确定其是否合格所进行的全部工作。检定具有法制性，其对象是《中华人民共和国依法管理的计量器具目录》中的计量器具，包括计量标准器具和工作计量器具，可以是实物量具、测量仪器和测量系统。

检定的目的是查明和确认计量器具是否符合有关的法定要求。法定要求是指按照《中华人民共和国计量法》（以下简称《计量法》）对依法管理的计量器具的技术和管理要求。对每一种计量器具的法定要求反映在相关的国家计量检定规程以及部门、地方计量检定规程中。

检定方法的依据是按法定程序审批公布的计量检定规程。国家计量检定规程由国务院计量行政部门制定，没有国家计量检定规程的，由国务院有关主管部门和省、自治区、直辖市人民政府计量行政部门制定部门计量检定规程和地方计量检定规程，并向国务院计量行政部门备案。

检定工作的内容包括对计量器具进行检查，它是为确定计量器具是否符合该器具有关要求所进行的操作。这种操作是依据国家计量检定系统表所规定的量值传递关系，将被检对象与计量基准、标准进行技术比较，按照计量检定规程中规定的检定条件、检定项目和检定方法进行实验操作和数据处理。最后按检定规程规定的计量性能要求（如准确度等级、最大允许误差、测量不确定度、影响量、稳定性等）和通用技术要求（如外观结构、防止欺骗、操作的适应性和安全性以及强制性标记和说明性标记等）进行验证、检查和评价，对计量器具是否合格、是否符合哪一准确度等级做出检定结论，按检定规程规定的要求出具证书或加盖印记。结论为合格的，出具检定证书或加盖合格印；不合格的，出具检定结果通知书。

计量检定有以下特点：

（1）检定的对象是计量器具，而不是一般的工业产品。

（2）检定的目的是确保量值的统一和准确可靠，其主要作用是评定计量器具的计量性能是否符合法定要求。

（3）检定的结论是确定计量器具是否合格，是否允许使用。

（4）检定具有计量监督管理的性质，即具有法制性。法定计量检定机构或授权的计量技术机构出具的检定证书，在社会上具有特定的法律效力。

计量检定在计量工作中具有非常重要的作用，它是进行量值传递或量值溯源的重要形式，是实施计量法制管理的重要手段，是确保量值准确一致的重要措施。

2. 校准

校准是在规定的条件下，为确定测量仪器或测量系统所指示的量值，或实物量具或参考物质所代表的量值，与对应的由测量标准所复现的量值之间关系的一组操作。

校准的对象是测量仪器或测量系统、实物量具或参考物质。测量系统是组装起来进行特定测量的全套测量仪器和其他设备。

校准方法依据的是国家计量校准规范，如果需要进行的校准项目尚未制定国家计量校准规范，应尽可能使用公开发布的，如国际的、地区的或国家的标准或技术规范，也可采用经确认的如下校准方法：由知名的技术组织、有关科学书籍或期刊公布的，设备制造商指定的，或实验室自编的校准方法，以及计量检定规程中的相关部分。

校准的目的是确定被校准对象的示值与对应的由计量标准所复现的量值之间的关系，以实现量值的溯源性。

校准工作的内容就是按照合理的溯源途径和国家计量校准规范或其他经确认的校准技术文件所规定的校准条件、校准项目和校准方法，将被校对象与计量标准进行比较和数据处理。校准所得结果可以是给出被测量示值的校准值，如给实物量具赋值，也可以是给出示值的修正值，如实物量具标称值的修正值，或给出仪器的校准曲线或修正曲线，也可以确定被测量的其他计量性能，如确定其温度系数、频响特性等。这些校准结果的数据应清楚明确地表达在校准证书或校准报告中。报告校准值或修正值时，应同时报告它们的测量不确定度。

校准是按使用的需求实现溯源性的重要手段，也是确保量值准确一致的重要措施。

3. 检测

法定计量检定机构计量技术人员从事的计量检测，主要是指计量器具新产品和进口计量器具的型式评价、定量包装商品净含量的检验。计量检测的对象是某些计量器具产品和定量包装商品。

对计量器具新产品和进口计量器具的型式评价，是依据型式评价大纲对计量器具进行全性能试验，将检测结果记录在检测报告上，为政府计量行政部门进行型式批准提供依据。

对定量包装商品净含量的检验是依据国家计量技术规范对定量包装商品的净含量进行检验，为政府计量行政部门对商品量的计量监督提供证据。

（二）计量器具的检定

1. 检定的适用范围

检定的适用范围就是《中华人民共和国依法管理的计量器具目录》中所列的计量器具。

2. 实施检定工作的原则

计量检定工作应当按照经济合理的原则，就地就近进行。经济合理是指进行计量检定、组织量值传递要充分利用现有的计量检定设施，合理地部署计量检定网点。就地就近就是组织量值传递不受行政区划分和部门管辖的限制。

3. 计量检定的分类

（1）按照管理环节分类。

首次检定：对未曾检定过的新计量器具进行的一种检查。这类检定的对象仅限于新生产或新购置的没有使用过的从未检定过的计量器具。其目的是确认新的计量器具是否符合法定要求，符合法定要求的才能投入使用。所有依法管理的计量器具在投入使用前都要进行首次检定，经过首次检定的计量器具不一定都要进行后续检定，如对竹木直尺、玻璃体温计及液体量具规定只做首次检定，失准者直接报废，而不做后续检定；对直接与供气、供水、供电部门进行结算用的家庭生活用煤气表、水表、电能表，则只做首次检定，到期轮换，而不做后续检定。

周期检定：指按时间间隔和规定程序，对计量器具定期进行的一种后续检定。计量器具经过一段时间使用，由于其本身性能的不稳定、使用中的磨损等原因可能会偏离法定要求，从而造成测量的不准确。周期检定就是为防止这种现象的出现，按照计量器具使用过程中能保持所规定的计量性能的时间间隔进行再次检定。按这种固定的时间间隔周期地进行的这种后续检定，可以保证使用中的计量器具持续地满足法定要求。周期检定的时间间隔在计量检定规程中规定。

修理后检定：指使用中经检定不合格的计量器具，经修理人员修理后，交付使用前所进行的一种检定。

周期检定有效期内的检定：是指无论是由顾客提出要求，还是由于某种原因使有效期内的封印失效等原因，在检定周期的有效期内再次进行的一种后续检定。

进口检定：进口以销售为目的的列入《中华人民共和国依法管理的计量器具目录（型式批准部分）》的计量器具，在海关验放后所进行的检定。这类检定的对象是从国外进口到国内销售的计量器具，以保证在我国销售的进口计量器具都能满足我国的法定要求。进口以销售为目的的计量器具的订货单位必须向所在省、自治区、直辖市政府计量行政部门申请检定，政府计量行政部门将指定有能力的计量检定机构实施检定。如果检定不合格，需要索赔，则订货单位应及时向商检机构申请复验出证。

仲裁检定：用计量基准或社会公用计量标准所进行的以裁决为目的的计量检定、测试活动。这一类特殊的检定是为处理因计量器具准确度引起的计量纠纷而进行的。根据《计量法》的规定，处理因计量器具准确度所引起的纠纷，以国家计量基准器具或者社会公用计量标准器具检定的数据为准。因此这类检定与其他检定的显著不同之处是必须用国家基准或社会公用计量标准来检定。检定对象是由于对其是否准确有怀疑而引起纠纷的计量器具。这类检定可以由纠纷的当事人向政府计量行政部门申请，也可能由司法部门、仲裁机构、合同管理部门等委托政府计量行政部门进行。其检定结果的法律效力十分明确。

（2）按照管理性质分类。

强制检定：对于列入强制管理范围的计量器具由政府计量行政部门指定的法定计量检定机构或授权的计量技术机构实施的定点定期的检定。这类检定是政府强制实施的，而非自愿的。《计量法》规定属于强制检定范围的计量器具，未按照规定申请检定或者检定不合格继续使用的，属违法行为，将追究法律责任。

列入强制管理的计量器具都是担负公正、公平和诚信的社会责任的计量器具。国家为保证经济建设和社会发展的需要，有效地保护国家、集体和人民免受计量不准的危害，维护国家和消费者的利益，保护人民健康和生命、财产的安全，对这类计量器具实行强制检定。

按强制检定的管理要求，社会公用计量标准器具和部门、企业、事业单位最高计量标准器具的使用者应向主持该计量标准考核的政府计量行政部门申报，并向其指定的计量检定机构按时申请检定。属于强制检定的工作计量器具的使用者应将这类计量器具登记造册，报当地政府计量行政部门备案，并向当地政府计量行政部门申请检定，由其指定的计量检定机构按周期检定计划检定。

承担强制检定任务的计量检定机构，包括国家法定计量检定机构和各级政府计量行政部门授权开展强制检定的计量检定机构，应就所承担的任务制订周期检定计划，按计划通知使用者，安排接收使用者送来的计量器具或到现场进行检定。强制检定工作必须在政府规定的期限内完成，计量检定机构在完成强制检定后应出具检定证书或检定结果通知书并加盖检定印记。不应出具校准证书或测试报告。应按照国家规定的检定收费标准收取检定费。计量检定机构应按检定规程的规定给出被检计量器具的检定周期，使用者必须按证书给出的检定有效期在到期之前按时送检。

非强制检定：在所有依法管理的计量器具中除了强制检定的以外，其余计量器具的检定都是非强制检定。这类检定不是政府强制实施，而是由使用者依法自己组织实施的。这类计量器具的准确与否只涉及其使用单位的产品质量、节能降耗、经济核算、实验数据的准确可靠等。使用这类计量器具的单位应建立内部计量器具台账，制订周期检定计划，按计划对所有计量器具实施检定。使用单位可根据本单位生产、管理和研究工作的实际需要建立相应等级的计量标准，对本单位计量器具实施检定，也可以自主选择其他有资质的计量检定机构将计量器具送去检定。检定周期可根据本单位实际情况自主确定。

二、检定、校准、检测过程

（一）检定、校准、检测依据的文件

1. 顾客的需求

检定、校准和检测工作的第一步是弄清楚顾客的真正需要是什么。为得到检定、校准或检测服务，顾客会通过合同、标书、协议书、委托书、强检申请书，以及口头等形式将他们的要求提出来。计量技术人员要仔细了解顾客所提出的要求，通过对要求、标书、合同、强检申请书等的评审，弄清具体的检定、校准、检测对象，计量性能要求，采用的方法，是否需要调整修理等，记录下这些要求以作为下一步工作的依据。

如果顾客需要的是检定，首先要分清是哪一类检定，是强制检定，还是非强制检定，是首次检定，还是后续检定，是进口检定，还是仲裁检定等。不同类检定要区别对待。如果是强制检定，要列入强制检定计划，按计划执行。政府对强制检定有明确的时限要求，

应优先安排，按时完成，无正当理由不得超过时限。如果是首次检定、进口检定、仲裁检定，可能涉及索赔或追究法律责任，要注意保持被检对象的原来状态。

如果顾客的需要是校准，就要弄清校准对象是计量标准器具，还是工作计量器具，或是专用测量仪器，需要校准的参数、测量范围、其最大允许误差或不确定度要求等技术指标，以及采用什么方法。

如果是检测，由政府计量行政部门下达计量器具新产品或进口计量器具的型式评价，或定量包装商品净含量检验任务，要弄清政府计量行政部门规定的时限要求，检测报告要求和其他要求。受企业委托进行有关的检测，也要弄清企业的要求是什么，并记录在合同或委托书上。

2. 检定、校准和检测方法依据的技术文件

检定、校准和检测必须依据相关的技术文件，如检定规程、校准规范、型式评价大纲、检验规则等。这类文件是按照每一种计量器具的特殊要求分别制定的。在每一个文件中规定了该文件的适用范围，包括适用于哪一种计量器具或量值，以及要达到的目的。规定了计量要求，包括被测的量值、测量范围、准确度要求等，也规定了通用技术要求，如外观结构、安全性能等。文件中还规定了进行检定或校准或检测必备的条件，包括设备要求和环境条件要求。设备要求包括计量标准器具和配套设备的要求，如计量标准器具和配套设备的名称、准确度指标、功能要求等。环境条件要求包括环境参数的技术指标，如所需的温度范围、湿度范围等。文件中规定的检定或校准或检测的项目和采用的方法，是这类文件的中心内容。每一次实施检定或校准或检测时都必须依据相关的技术文件中的要求来进行。

检定应依据国家计量检定系统表和国家计量检定规程。国家计量检定系统表和国家计量检定规程由国务院计量行政部门制定。如无国家计量检定规程，则依据国务院有关主管部门和省、自治区、直辖市人民政府计量行政部门分别制定，并向国务院计量行政部门备案的部门计量检定规程和地方计量检定规程。

校准应根据顾客的要求选择适当的技术文件。首选是国家计量校准规范。如果没有国家计量校准规范，可使用满足顾客需要的、公开发布的，国际的、地区的或国家的技术标准或技术规范，或依据计量检定规程中的相关部分，或选择知名的技术组织或有关科学书籍和期刊最新公布的方法，或由设备制造商指定的方法；还可以使用自编的校准方法文件。这种自编的校准方法文件应依据规则进行编写，经确认后使用。

计量器具新产品型式评价应使用国家统一的型式评价大纲。国家计量检定规程中规定了型式评价要求的按规程执行。目前只有国家重点管理的计量器具等部分计量器具制定了国家统一的型式评价大纲，凡国家计量检定规程中规定了型式评价要求的按规程执行。对

大多数没有国家统一制定的型式评价大纲，也没有在计量检定规程中规定型式评价要求的新产品的型式评价，由承担任务单位的计量技术人员，依据规定自行编制该产品的型式评价大纲，经本单位技术负责人审查批准后使用。

开展定量包装商品净含量的检验，应依据《定量包装商品净含量计量检验规则》进行，在该规则的附录中规定了以不同方式标注净含量的定量包装商品的检验方法。该规则没有规定检验方法的定量包装商品，应按国际标准、国家标准或者由国务院计量行政部门规定的方法执行。

3. 方法的确认

对于非标准的方法都必须经过确认后才能使用。标准方法是指国家计量检定规程、部门和地方计量检定规程、国家计量技术规范（含国家计量校准规范、定量包装商品净含量检验规则）、国家统一型式评价大纲、国际标准、国家标准、行业标准规定的方法。在这些标准方法之外的都是非标准方法，如自编的校准规范、自编的型式评价大纲、知名的技术组织或有关科学书籍和期刊最新公布的方法、设备制造商指定的方法等。对一些标准方法的使用如果超出了原标准方法规定的使用范围，或对标准方法进行了扩充或修改，都与非标准方法一样须经过确认。所谓确认，就是通过核查并提供客观证据，以证实某一特定预期用途的特殊要求得到满足。确认应尽可能全面，以满足预期用途或应用领域的需要。确认需要对该方法能否满足要求进行核查，并提供客观证据。用于方法确认的方法包括以下五种：

（1）使用计量标准或标准物质进行校准。

（2）与其他方法所得到的结果进行比较。

（3）实验室间比对。

（4）对影响结果的因素做系统性评审。

（5）根据对方法的理论原理和实践经验的科学理解，对所得结果不确定度进行的评定。

应由相关领域的专家对某一非标准方法进行技术评价、科学论证，确定其是否科学合理，是否满足对某种计量器具校准的要求。经过使用上述方法或其组合，确认符合要求的方法文件须经过正式的审批手续，由对技术问题负责的人员签名批准后方可使用。

4. 方法文件有效版本的控制

无论哪一种计量检定规程、计量校准规范、型式评价大纲、定量包装商品净含量检验规则和经确认的非标准方法文件，都必须使用现行有效的版本。因为各类技术文件经常会修订，经过修订作废的、被替代的、未经确认的非标准的或自编的文件都不允许使用。计量技术机构应有专门的部门或专职人员对本单位所使用的各类方法文件进行受控管理。每一个从事检定、校准或检测的计量技术人员在工作开始之前都要检查所使用的技术文件是否为受控的文件。现行有效的文件上都有明显的受控文件标识。标识为作废的文件或没有任何受控状态标识的文件都不能作为依据的方法文件来使用。要注意应从国务院计量行政部门的公告、网站及权威期刊上和其他有效途径，及时了解公开发布的规程、规范等标准文件的制定和修订情况。

5. 编制作业指导书

为了正确执行所依据的规程、规范、大纲、规则等，一般都需要编写作业指导书，除非规程、规范等已足够详细具体。从事检定、校准、检测的人员应能根据规程、规范、大纲、规则的要求编写出指导实际操作的作业指导书。规程、规范等文件是通用的，有的会提出几种方法供不同情况选择。在编写作业指导书时，应根据本实验室的实际情况、使用的具体设备，将操作中的注意事项、选择的某种方法、本实验室仪器的操作步骤，以及在工作中积累的经验做法等编写成作业指导书。作业指导书是针对某种检定、校准、检测对象的，应具有很强的可操作性，但不应照抄规程、规范等文件中已有的内容。作业指导书也是一种受控管理的技术文件，需要经过审核、批准、加受控文件标识等。

（二）检定、校准和检测人员的资质要求

每个检定、校准、检测项目至少应有两名符合资质要求的计量技术人员，资质要求包括持有该项目"计量检定员证"，或持有"注册计量师资格证书"和取得省级以上政府计量行政部门颁发的该项目"注册计量师注册证"。

计量技术机构应明确规定检定、校准、检测人员、核验人员、主管人员的资格和职责，对上述人员明确任命或授权。

计量技术机构应建立人员技术档案，档案中包括每个技术人员的学历、所学专业、工作经历、从事的专业技术工作，获得的资格、职务，具备的能力、受过的培训、取得的技术成果等，以便按人员的能力和资格安排适当的工作岗位。从事计量检定、校准、检测的人员还应通过继续教育和培训，不断提高知识水平和能力，以适应工作任务的扩展和技术的不断进步。

在检定、校准、检测工作过程中，由熟悉本专业检定、校准、检测的方法、程序、目的，并能正确进行结果评价的监督人员对正在进行的工作实施监督。监督人员一般是不脱产的，但比普通检定、校准、检测人员有更丰富的经验、更宽的知识面、更强的责任心。通过监督人员的监督工作，及时发现和纠正检定、校准、检测人员操作中的疏忽和错误。

（三）计量标准的选择和仪器设备的配备

1. 计量标准的选择原则

在国家计量检定规程和国家计量校准规范中，都明确规定了应使用的计量基准或计量标准，应按规定执行。如果依据的是其他文件，应根据被检或被校计量器具的量值、测量范围、最大允许误差或准确度等级或量值的不确定度等技术指标，在相关量值的国家计量检定系统表中找到相应的部分，国家计量检定系统表中显示的上一级计量标准或基准，就是所要选择的计量标准或基准。法定计量检定机构进行检定或校准时，应使用经过计量标准考核并取得有效的计量标准考核证书的计量标准。

2. 仪器设备的配置要求

进行检定时要按照检定规程中检定条件对计量基准、计量标准和配套设备的规定，进行校准时要按照校准规范中校准条件对计量基准、计量标准和配套设备的规定，进行型式评价时要按照型式评价大纲对仪器设备的规定，进行定量包装商品净含量检验时要按照检验规则中不同种类商品净含量检验设备的规定，配备相应的仪器设备，以使检定、校准、检测工作正确实施。所配备的仪器设备应满足规程、规范、大纲、检验规则的准确度要求和其他功能要求，经过检定、校准，并有在有效期内的检定、校准证书，贴有表明检定、校准状态的标识。

（四）检定、校准、检测环境条件的控制

要达到检定、校准、检测结果的准确可靠，适合的环境条件是必不可少的。因为很多计量标准器具复现的量值，要在一定的温度、湿度、电压、气压下才能保证达到规定的准确度。有些检定或校准结果要根据环境条件的参数进行修正。而有的干扰，如电磁波、噪声、振动、灰尘等，如不加以控制，将严重影响检定、校准结果的准确性。因此必须对实验室的照明、电源、温度、湿度、气压、灰尘、电磁干扰、噪声、振动等环境条件进行监测和控制。在各种计量器具的检定规程、校准规范、检测方法文件中，都分别规定了相应的环境条件要求。检定、校准和检测实验室或实验场地要分别满足不同的检定、校准和检测项目的不同环境要求。

为了达到环境条件要求，就要配备监视和控制环境的设备。监视设备如温度计、湿度计、气压表、照度计、声级计、场强计、电压表等，应经过检定、校准，在有效期内使用。被这些仪表监视的场所要进行环境参数记录。当发现环境参数偏离要求时，必须用控制环境的设备对环境进行调整，使之保持在所要求的范围之内。进行检定、校准和检测之前，以及进行过程中都应查看监视仪表，确认仪表所显示的环境参数满足要求时才可以工

作。在检定、校准和检测的原始记录上如实记录当时的环境参数数据。若环境未满足规程、规范等文件规定的要求，应停止工作，用控制设备对环境进行调控，直至环境条件要求得到满足后才可继续进行检定、校准和检测的操作。

有些不同项目的实验条件是互相冲突的。例如，天平在工作时要求没有振动，而检定或校准振动测量仪器所产生的强烈振动会对天平造成很大影响。再如，温度计检定时用来提供温场的油槽会使实验室温度升高，这时需要恒温条件的检定、校准工作就会无法进行。这些互不相容的项目不能在一起工作，必须采取措施使之有效隔离。

有的检定、校准项目在实验进行时对环境条件的要求很高，特别是检定或校准准确度特别高的计量标准器具时，空气的流动、人员的走动、温度的微小变化、声音的影响等，直接关系到检定、校准的质量。在进行这类检定、校准时要特别注意控制和保持环境的稳定，当实验正在进行时不得开门出入，控制实验室内不能容纳与实验无关的人员等。

（五）检定、校准、检测原始记录

在依据规程、规范、大纲、规则等技术文件规定的项目和方法进行检定、校准或检测时，应将检定、校准、检测对象的名称、编号、型号规格、原始状态、外观特征，测量过程中使用的仪器设备，检定、校准或检测的日期和人员、当时的环境参数值，计量标准器提供的标准值和所获得的每一个被测数据，对数据的计算、处理，以及合格与否的判断，测量结果的不确定度等一一记录下来。这些信息都是在实验时根据真实的情况记录的，是每一次检定或校准或检测的最原始的信息，这就是检定、校准和检测的原始记录。

检定或校准或检测的结果和证书、报告都来自这些原始记录，其所承担的法律责任也是来自这些原始记录。因此原始记录的地位十分重要，它必须满足以下要求：

第一，真实性要求。原始记录必须是当时记录的，不能事后追记或补记，也不能以重新抄过的记录代替原始记录。必须记录客观事实、直接观察到的现象、读取的数据，不得虚构记录、伪造数据。

第二，信息量要求。原始记录必须包含足够的信息，包括各种影响测量结果不确定度的因素在内，以保证检定或校准或检测实验能够在尽可能与原来接近的条件下复现。例如，使用的计量标准器具和其他仪器设备，测量项目，测量次数，每次测量的数据，环境参数值，数据的计算处理过程，测量结果的不确定度及相关信息，检定、校准、检测和核验、审核人员等。

为达到上述要求，须注意以下几个方面：

1. 记录格式

原始记录不应记在白纸，或只有通用格式的纸上。应为每一种计量器具或测量仪器的检定（或校准、检测）分别设计适合的原始记录格式。原始记录的格式要满足规程或规范等技术文件的要求。需要记录的信息不得事先印制在记录表格上，但可以把可能的结果列出来，采用选择打"√"的方式记录。

2．记录识别

每一种记录格式应有记录格式文件编号，同种记录的每一份上应有记录编号，同一份记录的每一页应有共 X 页、第 X 页的标识，以免混淆。

3．记录信息

应包括记录的标题，即"XX 计量器具检定（或校准、检测）记录"；被测对象的特征信息，如名称、编号、型号、制造厂、外观检查记录等；检定（或校准、检测）的时间、地点；依据的技术文件名称、编号；使用的计量标准器具和配套设备信息，如设备名称、编号、技术特征、检定或校准状态、使用前检查记录；检定（或校准、检测）的项目，每个项目每次测量时计量标准器提供的标准值或修正值、测得值、平均值、计算出的示值误差等；如经过调整，要记录调整前后的测量数值；测量时的环境参数值，如温度、湿度等；由测量结果得出的结论，关于结果数据的测量不确定度及其置信水平或包含因子的说明；以及根据该记录出具证书（报告）的证书（报告）编号等。

记录的信息要足够，要完整，不能只记录实验的结果数据（如示值误差），不记录计量标准器的标准值和被测仪器示值以及计算过程。

4．书写要求

记录要使用墨水笔填写，不得用铅笔或其他字迹容易擦掉或变模糊的笔。书写应清晰明了，使用规范的阿拉伯数字、中文简化字、英文和其他文字或数字。术语要与《通用计量术语及定义》和规程、规范等方法文件中的术语一致。如有超出上述规范、规程的术语，应给予定义。计量单位应按照法定计量单位使用方法和规则书写。记录的内容不得随意涂改，当发现记录错误时，只可以划改，不得将错误的部分擦除或刮去，应用一横杠将错误划掉，在旁边写上正确的内容，并由改动的人在改动处签名或盖章，以示对改动负责。如果是使用计算机存储的记录，在需要修改时，也不能让错误的数据消失，而应该采取同等的措施进行修改。只有在仪器设备与计算机直接相连，测量数据直接输入计算机的情况下，可以将计算机存储的记录作为原始记录。如果是由人工将数据录入计算机的，应以手写的记录为原始记录。

5．人员签名

原始记录上应有各项检定、校准、检测的执行人员和结果的核验人员的亲笔签名。如果经过抽样的话还应有负责抽样人员的签名。测量结果直接输入计算机的原始记录，可以使用电子签名。

6. 保存管理

由于原始记录是证书、报告的信息来源，是证书、报告所承担法律责任的原始凭证，因此原始记录要保存一定时间，以便有需要时供追溯。应规定原始记录的保存期，保存期的长短根据各类检定、校准、检测的实际需要，由各单位的管理制度规定。在保存期内的原始记录要安全妥善地存放，防止损坏、变质、丢失，要科学地管理，可以方便地检索，同时要做到为顾客保密，维护顾客的合法权益。超过保存期的原始记录，按管理规定办理相关手续后给予销毁。

（六）检定、校准、检测数据处理和结果

1. 检定结果的评定

按照所依据的检定规程的程序，经过对各项法定要求的检查，包括对示值误差的检查和其他计量性能的检查，判断所得到的结果与法定要求是否符合，全部符合要求的结论为"合格"，且根据其达到的准确度等级给以符合 X 等或 X 级的结论。判断合格与否的原则符合相关规范。凡检定结果合格的必须按相关规定出具检定证书或加盖检定合格印；不合格的则出具检定结果通知书。

2. 校准结果

校准得到的结果是测量仪器或测量系统的修正值或校准值，以及这些数据的不确定度信息。校准结果也可以是反映其他计量特性的数据，如影响量的作用及其不确定度信息。对于计量标准器具的溯源性校准，可根据国家计量检定系统表的规定做出符合其中哪一级别计量标准的结论。对一般校准服务，只要提供结果数据及其测量不确定度即可。对校准结果，可出具校准证书或校准报告。如果顾客要求依据某技术标准或规范给以符合与否的判断，则应指明符合或不符合该标准或规范的哪些条款。

3. 型式评价结果的评定

依据型式评价大纲，所有的评价项目均符合型式评价大纲要求的为合格，可以建议批准该型式；有不符合型式评价大纲要求的项目为不合格，型式评价报告的总结论为不合格，并建议不批准该型式。

4. 定量包装商品净含量检验结果的评定

依据评定准则，分别对定量包装商品净含量的标注和净含量进行评定，分别得到定量包装商品净含量标注是否合格和净含量是否合格的结论。

5. 检定、校准、检测结果的核验

核验是指当检定、校准、检测人员完成规程、规范规定的程序后，由未参与操作的人

员，对整个实验过程进行的审核。核验人员应不低于操作人员所需资格，并且对该项目检定、校准程序熟悉程度不差于操作人员。核验是检定、校准、检测工作中必不可少的一环，是保证结果准确可靠的一项重要措施。承担核验工作的人员必须负起责任，认真审核，不走过场。

核验工作的内容如下：

（1）对照原始记录检查被测对象的信息是否完整、准确。

（2）检查依据的规程、规范是否正确，是否为现行有效版本。

（3）检查使用的计量标准器具和配套设备是否符合规程、规范的规定，是否经过检定、校准并在有效期内。

（4）检查规程、规范规定的或顾客要求的项目是否都已完成。

（5）对数据计算、换算、修约进行验算。

（6）检定规程规定要复读的，负责复读。

（7）检查结论是否正确。

（8）如有记录的修改，检查所做的修改是否规范，是否有修改人签名或盖章。

（9）检查证书、报告上的信息，特别是测量数据、结果、结论，与原始记录是否一致。如证书中包含意见和解释时，内容是否正确。

核验中，如果对数据或结果有怀疑，应进行追究，查清问题，责成操作人员改正，必要时可要求重做。

经过核验并消除了错误，核验人员在原始记录和证书（或报告）上签名。

（七）检定、校准、检测过程中异常情况的处置

在检定、校准、检测过程中突然发生停电、停水等意外情况时，应立即停止实验，及时采取措施，保护好仪器设备和被测对象，通知维修人员尽快排除故障并恢复正常。对所发生的情况如实记录，对正在进行的实验进行分析，如果对之前取得的实验数据影响不大，在情况恢复正常后，可以继续实验，否则应将整个实验重做。当供电供水等情况恢复正常后，要检查所有设备是否正常，环境条件是否符合要求，在确认仪器设备、环境条件都符合要求后，方可继续工作。

当发生漏水、火灾、有毒或危险品泄漏，以及人身安全等事故时，要冷静，并立即采取应急措施制止事故的扩大和蔓延，必要时切断电源，保护人员和设备安全。对所发生的事故要按管理规定及时报告，不得隐瞒。在有关负责人员的组织下对事故进行处理，分析事故产生的原因，采取纠正措施杜绝事故再次发生的可能。

当由于人员误操作或处置不当，或设备过载等原因，导致设备不正常，或给出可疑的结果时，应立即停止使用该设备，并贴上停用标志。有条件的应将该设备撤离，以防止误

用。要检查该设备发生故障之前所做的检定、校准、检测工作，不仅是检查发现问题的这一次，并应检查是否对以前的检定、校准、检测结果产生了影响。对有可能受到影响的检定、校准、检测结果，包括已发出去的证书、报告，都要逐个分析，特别要对测量数据进行分析判断，对有疑问的要坚决追回重新给以检定、校准或检测。有故障的设备要按设备管理规定修复，重新检定、校准后恢复使用或报废。

三、校准测量能力的评定

校准和测量能力是指校准实验室在常规条件下能够提供给客户的校准和测量的能力。校准和测量能力应是在常规条件下的校准中可获得的最小的测量不确定度，通常用包含因子 k 为 2 或包含概率 p 为 0.95 的扩展不确定度表示。

对于每一个校准项目，由所采用的方法、使用的设备以及环境条件的影响等决定了其校准结果的不确定度，这就代表了这项校准的测量水平，不确定度越小，表示测量水平越高。同一个校准项目，每一次校准所得到的测量结果不确定度可能是不同的。校准和测量能力指的是最高校准测量水平，是该校准项目，按照校准规范规定的方法，使用符合要求的设备，在满足要求的环境条件下，由合格的人员正确操作，对计量性能正常、稳定性较好的计量器具或测量仪器进行校准时，进行校准结果不确定度评定所得到的包含因子 k 为 2 的扩展不确定度，就是这个校准项目的校准测量能力。

四、检定周期和校准间隔的确定

检定周期指的是按规定的程序对计量器具进行定期检定的时间间隔。与检定周期相类似，校准间隔是指上一次校准到下一次校准的时间间隔。科学合理地确定计量器具的检定周期和校准间隔，是为了保证使用中的计量器具准确可靠，减少计量器具失准的风险。

在制定或修订计量检定规程，或对非强制检定计量器具的检定周期进行调整时，应按照《计量器具检定周期确定原则和方法》执行。当计量器具的使用者需要确定或调整校准间隔时，也应参照《计量器具检定周期确定原则和方法》确定校准间隔。但在实施强制检定时，按检定规程中规定的检定周期执行，不得随意调整。

五、比对

（一）比对在量值传递中的作用和组织方式

在规定条件下，对相同准确度等级的同类计量基准、计量标准或工作计量器具的量值进行相互比较，称为比对。比对往往是在缺少更高准确度计量标准的情况下，使测量结果趋向一致的一种手段。

在国际上，比对获得广泛应用，成为使国际上测量结果一致的主要手段。在国内某些计量领域中，例如电子计量中也较多地采用。比对时，必须以传递标准作为媒介。比对应具备以下条件：

第一，有发起者，一般是国际上的权威组织（如国际计量局），也可以是某一国家的权威计量研究机构。

第二，确定参加单位，每次比对的参加单位不宜过多。

第三，从参加单位中确定一个主持单位（往往是发起单位），负责比对事宜，主持单位一般是在该领域中技术水平比较领先的单位。

第四，具有计量特性优良的传递标准，特别要具有优良的测量复现性和长期稳定性。传递标准的不确定度应比被比对的计量器具高一些，至少为同一数量级。

第五，由主持单位制订比对计划，确定比对方式、传递标准运行的路线、日期，确定详细的、周到的比对技术方案，确定数据处理办法等，并写成书面文件寄发给参加单位。

（二）比对方式

1．一字式

一字式比对，由主持单位"O"先将传递标准在本单位参加比对的计量仪器上进行校准，然后及时地将传递标准、校准数据和校准方式一并送到参加单位"A"。当传递标准操作须很仔细或较复杂时，"O"单位一般派人员到"A"单位，并与"A"单位操作人员一起工作，严格按照"O"单位的操作方法进行，得出校准数据。然后，"O"单位把传递标准运回，再次在本单位仪器上校准，以考查传递标准经过运输后示值是否发生变化。若差异较大，两个单位可各自检查自己的仪器是否存在系统误差，若找到了，并采取了措施，又可进行第二轮比对。第二轮比对的顺序一般与第一轮相反，即由"A"单位派人员并携带传递标准去"O"单位，其余相同。

2．环式

环式比对往往适用于为数不多的单位参加，而且传递标准结构比较简单，便于搬运。

一般主持单位不必派人去，只要把传递标准及校准的数据、方法寄到"A"单位。"A"单位将传递标准在本单位计量器具（或计量标准）校准后，把校准数据寄给"O"单位，而将传递标准及"O"单位校准的数据及方法寄到"B"单位。以下依次类推，最后传递标准返回到"O"单位时，"O"单位必须复检，以验证传递标准示值变化是否正常。采用这种比对方式时，因为经过一圈循环，时间较长，比对结果中往往会引入由于传递标准的不稳定而引起的误差，而且传递标准经过多次装卸运输，损坏概率较高，往往会导致比对失败。

比对结果由主持单位整理，并寄发各参加单位，各参加单位不仅可知道与主持单位间的差值，也可知道与其他参加单位之间的间接差值。

3. 连环式

当参加比对单位较多时，可采用连环式，这时必须有两套传递标准，其余同环式。

4. 花瓣式

即由三个小的环式所组成，需要三套传递标准，优点是可缩短比对周期。

5. 星式

相当于五个一字式组成。主持单位须同时发出五套传递标准。星式的优点是比对周期短，即使某一个传递标准损坏，也只影响一个单位的比对结果。缺点是所需传递标准多，主持单位的工作量大。

各种比对方式，都存在一定的优缺点，可视具体情况而采用。

（三）比对的应用

1. 国际比对

很多导出单位的物理量或非物理量，国际上没有建立公认的国际计量基准。各国的计量基准的原理和结构往往是不完全相同的，在分析误差时，可能未将某些系统误差考虑进去，或者结构上出现缺陷而未被发觉，因此造成各国间的测量结果的不一致。为了谋求国际上测量结果的统一，经常组织国际比对是有效的途径。

这种国际比对，国际计量组织可以发起，各国的国家计量研究机构也可以发起。可以进行全球性比对，也可以进行区域性比对，甚至进行两国之间的比对。

2. 准确度旁证

当研制一台计量基准或计量标准时，仅靠误差分析来确定其准确度是不够的，因为这还不足以证明其误差分析是否周全，结构是否完好。当缺乏准确度更高的计量器具检定（或校准）时，则必须借助于几种工作原理或结构不同的、准确度等级相同或稍低一些的计量器具进行比对以资旁证。如果获得的一系列旁证符合偏移足够小的高斯分布规律，则证明所研制的计量基准或计量标准的准确度是可靠的。

3．临时统一量值

当某一个量尚未建立国家计量基准，而国内又有若干个单位持有同等级准确度的计量标准时，可用比对的方法临时统一国内量值。具体的做法与国际比对相似。若比对的计量标准的稳定性、复现性均很好，而且比对结果表明具有不大的系统误差时，则可采取这几台计量标准的平均值作为约定真值，以对每台计量标准给出修正值。这样，实质上就等于把参加比对的几台计量标准作为临时基准组了。

这里应注意的一点是，如这几台计量标准是同一制造厂生产的同一型号仪器，则比对结果往往发现不了其系统误差，因此不宜作为临时基准组。

第四节　测量设备的量值溯源

一、测量对象由计量器具到测量设备的发展

"测量设备"一词是近年来普遍使用的术语，是指为实现测量过程所必需的测量仪器、软件、测量标准、标准物质、辅助设备或其组合。而我国多年来所使用的"计量器具（测量仪器）"一词是指单独或与一个或多个辅助设备组合，用于进行测量的装置。从总体上看，测量设备与计量器具的定义基本概念是一致的，都是针对测量手段而言的。两者最大的不同点在于：测量设备包括与测量过程有关的软件和辅助设备或者它们的组合，如测量软件、仪器说明书、操作手册等，而计量器具更突出体现测量硬件。

测量设备的定义有以下特点：

第一，概念的广义性：测量设备不仅包含一般的测量仪器，而且包含了各等级的测量标准、各类标准物质和实物量具，还包含与测量设备连接的各种辅助设备。

第二，内容的扩展性：测量设备不仅仅指测量仪器本身，已经扩大到辅助设备，因为有关的辅助设备也影响测量的准确可靠，辅助设备对保证测量的统一和准确十分重要。

第三，定义的创新性：测量设备不仅是指硬件，还有软件，测量设备除测量单元外还包括为实现测量功能所配置的测量软件、处理程序，所以测量硬件和软件共同组成了测量设备。

二、量值溯源的方法

测量设备是进行测量的基本工具，也是能够将被测量的量值直观复现的工具，所以，要保证测量结果的溯源性，必须首先保证测量设备的溯源性；计量检定或校准是实施测量设备量值溯源的重要方法和手段，比对是无法以检定或校准实施溯源时的一种补充。下面主要介绍计量比对。

计量比对，是指在规定条件下，对相同准确度等级或者规定不确定度范围内的同种计量基准、计量标准之间所复现的量值进行传递、比较、分析的过程。作为实施测量设备量值溯源性方法的一种补充，计量比对活动可以保证测量设备量值的准确可靠并实现溯源要求，计量比对工作的组织、实施、评价可以参照前一节"计量比对"进行。

三、测量设备的计量确认

计量确认是指为确保测量设备处于满足预期使用要求的状态所进行的一组操作。它由计量检定或校准、计量验证、决定和措施三部分构成。

测量设备的检定或校准是计量确认的第一步，而计量验证是整个计量确认过程中最重要的一环，计量验证就是充分利用测量设备的计量特性与测量设备预期使用的计量要求进行比较，以确定测量设备能否达到正常的使用要求。不同的测量过程，其预期使用的测量设备的计量要求是不同的，要根据相应的生产过程规定的测量要求，它可以用最大允许误差或操作限制等方式来体现。测量设备的计量特性主要包括测量范围、分辨率、准确度等级、扩展不确定度等，测量设备计量确认最后要决定测量设备的检定或校准结果是否满足预期使用要求，计量确认的结论用测量设备计量确认状态标识来表示：确认标识是计量确认的结果，是检定或校准结果是否满足要求简单而明了的体现，是反映测量设备现场受控状态的一种比较科学直观的方法。确认标识使用必须简便、易行、直观。确认标识的内容包括：①确认（检定、校准）结果，包括确认结论，使用是否有限制等；②确认（检定、校准）情况，包括本次确认时间、下次确认时间、确认负责人等。测量设备标识一般分为以下三类：

（一）准用标识

表明对测量设备已按规定进行确认后处于合格的状态。该标识采用绿色，并有清楚的"合格"字样。该绿色标识适用于经计量确认合格的测量设备。

（二） 限用标识

表明此测量设备是限制使用的测量设备。该标识采用黄色。该黄色限用标识适用于降级使用的测量设备和部分功能或量程满足使用要求的测量设备。

（三） 停用标识

表明测量设备处于不合格状态或封存状态，停止使用。该标识采用红色，提醒使用人员不得使用该测量设备。

四、测量设备的溯源原则及实施

（一） 一般原则

一般来说，所有在用的测量设备都要进行溯源，在用是指已经投入使用的测量设备，处于使用中的测量设备应当保证计量特性符合使用要求。

测量设备应包括：测量仪器，计量器具，测量标准，标准物质，进行测量所必需的辅助设备，参与测试数据处理用的软件，检验中用的工卡器具、工艺装备定位器、标准样板、模具、胎具，监控记录设备，高低温试验、寿命试验、电磁干扰试验、可靠性试验等设备，测试、试验或检验用的理化分析仪器。

（二） 例外原则

所有测量设备都必须进行计量确认。对于溯源过的测量设备要验证其是否满足预期使用要求，形成确认决定，确认标识的形式各个机构可以选择。但对作为无须出具量值的测量设备，或只须做首次检定的测量设备，或一次性使用的测量设备，或列入 C 类管理范围的测量设备，不一定强调必须进行定期溯源。

（三） 溯源有效性的评价

大部分测量设备往往不会直接溯源到国家或国际计量基准，在企事业机构的溯源链中并没有该测量结果是否能溯源到国家计量基准或国际计量基准的反映，但对于企事业机构来说，可以采取以下方法提高测量设备溯源到国家计量基准的可信度：

第一，溯源到资质齐全、检测能力强的计量技术机构。往往法定计量检定机构可信度高，高层次的法定计量检定机构比低层次的可信度要高。

第二，获取高质量的计量检定/校准证书。高质量的证书数据齐全、信息量大，有明确溯源到国家计量基准的说明。

第三，绘制量值溯源图，企事业机构的溯源图与上一级技术机构溯源图联系起来，可以逐级反映出溯源到什么地方，溯源链是否连接到国家计量基准。

（四）测量设备特殊溯源的控制

第一，与相关领域的其他测量标准建立测量联系。

第二，使用有证标准物质。

第三，组织测量设备比对。

第四，自行制定校准规范。

第五，采用统计技术进行数据控制。

第六，单参数溯源或分部件溯源后再进行综合评价。

（五）溯源的实施

建立了溯源链后，要严格按传递要求落实，不要随意改变；如果需要改变溯源单位，就要重新设计测量过程，进行溯源调整的评价和审核，符合企事业机构计量要求的，才能确认溯源参数、调整溯源方向、改变溯源单位。

五、测量设备的法制管理要求

（一）计量标准考核

社会公用计量标准，部门、企事业单位的最高计量标准，属于强制管理范围，必须由政府计量行政部门组织考核，计量标准考核是对计量标准测量能力的评定和开展，量值传递资格的确认、具体考核要求、考核办法见《计量标准考核规范》（JJF 1033—2016）。

（二）强制检定管理

使用属于国家强制检定管理计量器具的单位，要按照政府计量行政部门的规定登记、注册、备案本单位强制检定计量器具种类、数量，到政府计量行政部门指定的计量技术机构申请强制检定，接受定期、定点的强制检定。强制检定关系应当固定，使用单位不得随意变更检定单位。

（三）依法自主管理

依法自主管理是对企业能源消耗、经营销售、工艺过程和产品质量控制中所使用的自愿检定的测量设备，由企业按自己的测量要求对其进行检定、校准、比对，或者选择有资格的计量技术机构进行检定或校准。

六、测量设备的强制检定

（一）强制检定的范围

县级以上人民政府计量行政部门对社会公用计量标准器具，部门和企事业单位使用的最高计量标准器具，以及用于贸易结算、安全防护、医疗卫生、环境监测方面的列入强制检定目录的工作计量器具，实行强制检定。

属强制检定管理范围的计量器具共有六类，也可以称为"两标四强"，其中社会公用计量标准器具和企事业单位的最高计量标准器具的强制检定管理又可以分为计量标准考核和周期检定合格两部分内容。对于工作计量器具，是否属于强制检定管理，要同时具备两个条件，二者缺一不可：

第一，必须是列入强制检定计量器具目录的器具，目前国家公布的强制检定目录包括35项46种计量器具。

第二，必须是用于贸易结算、安全防护、医疗卫生和环境监测四个方面的。

（二）强制检定的实施

强制检定，是国家以法律形式强制执行的检定活动，任何单位或个人都必须服从。为了实施强制检定，国务院颁布了《中华人民共和国强制检定工作计量器具检定管理办法》。

1．强制检定的主要特点

（1）管理具有强制性。强制检定由政府计量行政部门统一实施强制管理，指定法定的或授权的计量技术机构去具体执行。

（2）检定关系要指定。属于强制检定的计量器具，由当地县（市）级人民政府计量行政部门指定法定的或授权的计量技术机构进行检定，当地检定不了的，由上一级人民政府计量行政部门安排检定。

（3）检定周期相对固定。检定周期由执行强制检定的技术机构按照计量检定规程规定，结合实际使用频度、计量器具技术状况确定。

在强制检定的实施中，使用单位必须按规定申请检定，对法律规定的这种权利和义务，不允许任何人以任何方式加以变更和违反，没有选择的余地。只有这样，才能有效地保护国家和公民免受不准确或不诚实的测量所带来的危害。

2．实施强制检定管理应当注意的事项

（1）各使用强制检定管理计量器具的单位，应当将本单位使用的强制检定计量器具登记造册，到当地县（市）级人民政府计量行政部门注册、备案，并向其指定的计量检定机构申请周期检定。当地不能检定的，由上一级人民政府计量行政部门指定的计量检定机构执行强制检定。

（2）强制检定的周期，由执行强制检定的计量检定机构根据计量检定规程和计量器具的计量特性确定。

（3）属于强制检定的工作计量器具，未申请检定或检定不合格者，任何单位或者个人不得使用。

（4）强制检定的实施也可申请由企事业单位进行，所用计量标准必须经计量标准考核合格并接受社会公用计量标准的检定；承担内部强制检定必须取得政府计量行政部门计量授权；执行强制检定的人员，必须经授权单位考核合格；检定必须按有关检定规程的规定进行；必须接受授权单位对其承担强制检定工作的监督。

（5）各类承担强制检定任务的计量技术机构必须按照计量行政部门管理要求，定期汇报强制检定工作进展情况及执行中出现的问题。

七、测量设备的依法自主管理

对于强制检定管理范围之外的其他测量设备，企事业单位也必须依照《计量法》的规定进行自主管理，由企事业单位按自己的测量要求对其进行自行检定、校准、比对，或者选择有资格的计量技术机构进行检定或校准。

非强制检定与强制检定的不同之处如下：

1. 管理主体不同。强制检定由政府计量行政部门直接管理，非强制检定允许使用单位自行依法管理。

2. 检定方式不同。强制检定的检定关系一般是固定的，非强制检定则具有灵活性，使用单位可以自由送检、自由溯源。

3. 检定周期确定原则不同。强制检定的计量器具检定周期由执行强制检定的技术机构严格按照计量检定规程确定，非强制检定的计量器具使用单位可在计量检定规程允许的范围内自行调整。

4. 强制程度不同。强制检定与非强制检定就其规范管理的属性来说，两者均具有强制性，只是强制的程度有所不同。对于列入强制检定管理范围的计量器具，必须实施强制检定；对于未纳入强制检定管理范围的计量器具，不是不需要检定，而是管理的强制程度低一些而已。

八、溯源计划的制订

为了保证测量设备溯源活动的实施，企事业单位必须制订溯源计划。一般来说，溯源与计量检定/校准可以合用一个计划，其名称二者均可。

（一）制订原则

溯源计划制订的原则如下：

第一，保证生产的需要。对流程型生产企业，应考虑利用设备维修时间和生产间歇时间。

第二，尽可能使溯源工作在全年各个月份均衡地进行，以便充分利用资源，提高效率。

第三，需要由外部进行的溯源工作，要统筹安排，保证及时满足本单位的需要。

溯源计划最好用表格的方式，一目了然。企事业单位可以根据自己的实际情况和管理方法，对表中的栏目进行增减。对测量设备的溯源要实施动态控制管理，能随时知道现在有多少测量设备正处在溯源过程中，在何处溯源，何时完成，下个月又将有多少测量设备需要溯源。

（二）溯源间隔的选择与调整

相邻两次量值溯源之间的时间间隔称为溯源间隔。根据预期用途的特点，溯源间隔可以是时间间隔，也可以是使用次数的间隔。随着测量设备使用时间的增加，其测量准确度会逐渐发生变化，而累积到一定程度，其准确度可能不满足预期使用要求。因此，测量设备经过一段时间，就需要重新检定或校准，进行计量确认，以保证使用中的测量设备合格。大家所熟悉的检定周期就是溯源间隔。

1. 溯源间隔的确定原则

用于确定或改变计量确认间隔的方法应用程序文件表述。计量确认间隔应经评审，必要时可以进行调整，以确保符合规定的计量要求。

要以满足计量要求为目的确定溯源（确认）间隔。一般检定规程中都规定了检定周期。大多数计量器具的检定周期是固定的，一般规定为一年。其实，不同测量仪器，使用条件不同，使用频次不一，准确度变化也不一样，规定同样的周期是不合理的。溯源（确认）间隔过长，会使测量设备准确度超出允许范围，从而可能造成误判的风险，带来经济损失。但是，溯源（确认）间隔也不能太短，太短了测量设备要经常检定或校准，也要影响生产，或者需要配备更多的周转仪器设备；同时还要支付更多的检定或校准服务费用，从而影响经济效益。

2. 影响溯源间隔的因素

不同的测量设备，可靠性不一样，其溯源（确认）间隔不一样。同样的测量设备，使用情况不一样，溯源（确认）间隔也会不一样，影响测量设备溯源（确认）间隔的因素很多，主要如下：

（1）测量仪器的耐用性。

（2）测量设备的准确度要求。

（3）使用的环境条件（温度、湿度、震动、清洁度、电磁干扰等）。

（4）使用的频度。

（5）维护保养情况。

（6）制造厂的生产质量。

（7）核查校准的频次和方法。

（8）测量结果的可靠性要求。

（9）溯源历史记录所反映的变化趋势。

（10）溯源（确认）费用等。

3. 溯源间隔的选择方法

（1）按每台测量设备确定。

（2）按同一类测量设备确定。

（3）按同一类测量设备中同一准确度等级的测量设备确定。

（4）按测量设备某一参数测量不确定度变化确定。

（5）按测量风险度确定。

（6）按法制要求确定。

对于一种新的测量设备，一般可以由有经验的人员根据有关的检定规程、所要求的测量可靠性、使用的环境条件、使用的频度等综合信息，人为地选定一个初始的检定/校准溯源（确认）间隔。初始的溯源（确认）间隔经过一段时间试用，对于能够满足计量要求、溯源（确认）成本合理的，可以保持不变。如发现不能够满足计量要求，或溯源（确认）成本较高时，可以根据试用情况进行适当调整，但调整必须在保证测量设备满足计量要求的前提下进行。测量设备检定/校准溯源（确认）间隔的调整方法主要有阶梯式调整法、控制图法、日历时间法、在用时间法、现场试验法和"黑匣子试验法"、最大可能估计法。

第四章　计量工作规划及管理体系

第一节　计量工作的规划与计划

计量管理中，国家、行业和地方计量部门经常要在总结过去计量工作的经验基础上，编制今后一段时期计量管理的目标、任务和措施，这就是计量工作的规划和计划。

计量工作规划和计划是对一个计量系统在一定时期内的总目标以及为实现这个目标所需要的人、财、物信息的决策和组织实施的总体设计。而统计则是制订规划和计划的重要基础工作，是规划和计划实施后的信息反馈。

一、计量工作规划、计划的编制原则和程序

计量工作规划和计划是相互联系的。规划制约计划，计划补充规划。它们编制的原则基本相同，只是规划处于战略决策地位，计划处于战术执行地位。

（一）编制计量工作规划、计划的主要原则

编制计量工作规划、计划应遵循以下原则：

1. 整体性原则

计量系统是国民经济的一个子系统，计量系统规划的总体目标是溯源和服从于国民经济长远发展的战略目标的需要。根据这一整体性原则，"计划"就是保证"规划"总体目标的实现。只有坚持整体性原则，计量系统对国民经济主系统才能发挥出整体功能。比如，在我国科学技术发展规划中，曾明确指出计量是一项重点项目，根据"科技要发展，计量须先行"的要求，计量规划和计划的总体目标是建立健全国家急需的计量基准和标准，并组织好量值传递，以保证经济建设和国防建设的顺利进行。实施的结果建立了 156 项国家计量基准、标准，它们的建立和组织传递保证了国民经济建设的急需，并在某些方面赶上了世界先进水平。

2. 调查研究，从实际出发的原则

编制规划、制订计划一定要调查研究，从我国国情及本行业、本地区的实际情况出

发，防止盲目照搬外国、外行业、外地区的经验。这是中华人民共和国成立以来经过实践（经验和教训）充分证明了的一条基本原则。

3. 需要和可能相结合的原则

根据国民经济需要，计量工作规划、计划中有的须超前规划，对于基础部分有的须同步规划，有的还要事后追补计划，一切要根据资源（即物力、人力、能源和信息）情况合理设计分阶段目标，而且要留有余地。

4. 突出重点、兼顾经济的原则

规划和计划的总体目标和具体目标都是一组目标体系，彼此之间的位置不是相互平行，也不是线性的，必有一个或两个起主导作用的重点目标或重点工作。要全力抓住重点目标，组织协调各方力量保证实现，从而带动全局。

5. 宏观控制和分级管理相结合的原则

由于计量工作具有广泛的社会性，计量系统又是"分层联系"的开放系统，因此宏观间接控制和分级管理是需要的。

全国的计量事业发展规划和计划，对各级计量管理部门不具有直接指令性计划的作用，而是宏观间接控制的指导性计划。各级计量部门要服从各政府和经济主管部门的规划、计划的直接领导。这种分级编制规划、计划的优点是便于各地区各部门密切结合各自的特点，灵活机动地组织实施，适用于计量这个多层次的复杂系统。

在规划、计划中如何从横向方面充分调动社会力量，是编制规划、计划和组织实施的一条重要方针。只有将各专业力量和社会力量统筹安排，把过去被条块分割的计量资源合理地组织起来，才能最佳地保证国民经济建设的需要。

（二）计量工作规划与计划的制订程序

计量工作规划与年度工作计划制订的程序应与国民经济规划与计划同步，一般说来有以下六步：

第一，学习计量工作方针、政策、法律、法规，研究计量工作现状及发展趋势。我国计量工作主要是两个方面：一是对国家贸易结算、安全防护、医疗卫生、环境监测、资源保护、法定评价、公正计量方面的计量器具实行法制管理；二是加强计量科学技术研究，推广先进的计量科学技术和计量管理方法。我们必须紧紧围绕这两个方面，研究和确定科学计量工作发展趋势和要求。

第二，调查研究，分析计量工作具体情况；总结经验，分析问题，找出差距，明确方向。这就是先要通过调查研究，了解我国或一个行业、一个地区，甚至一个单位的计量工作现状，找出差距，以明确今后的工作方向。

第三，确定计量工作方针、工作目标任务和要求。依据客观条件和可能实现的需求，确定一段时期的计量工作方针、工作目标、工作任务及其要求，目标要量化，任务应具体，要求具有可实现性。

第四，确定完成计量工作目标和任务应该实施的具体措施。针对计量工作目标和任务，确定实现计量工作目标和任务的具体措施，措施应具体、明确，落实到责任部门/人员，配置必需的资源条件，并有明确的期限。

第五，调配资源，明确有关部门/单位分工及其职责。在落实计量工作的具体措施时，要调配和分配人力、物力和财力等资源，明确归口部门及协作部门，主要责任人和协助人员的职责，以落实到人。

第六，编制计量工作规划或计划草案，广泛征求意见，并进行可行性论证后审定发布。

由起草组/人，编制计量工作规划或计划草案，广泛征求意见，必要时进行可行性论证，最后由领导审定，发布。

计量工作规划与计划发布实施之后，应在实施过程中进一步补充、完善或修改，必要时，可以调整局部项目和进度。

总之，计量工作的规划和计划要采用"PDCA"循环即"滚动计划法"，使计量工作沿着科学有序的轨道迅速发展。

二、计量工作规划和计划的内容

（一）分析现状

具有中国特色的计量发展与管理制度逐步形成。国家计量基准、社会公用计量标准、量传溯源体系不断完善，保证了全国单位制的统一和量值的准确可靠；专用、新型、实用型计量测试技术研究水平和服务保障能力进一步增强；计量法律法规和监管体制逐步完善；国际比对和国际合作进一步加强，我国计量测量能力居于世界前列。但是，计量工作的基础仍较为薄弱，国家新一代计量基准持续研究能力不足；量子计量基准相关研究尚处于攻坚阶段，与发达国家仍有很大差距；社会公用计量标准建设迟缓，部分领域量传溯源能力仍存在空白；法律法规和监管体制滞后于社会主义市场经济发展需要，监管手段不完备，计量人才特别是高精尖人才缺乏。

21世纪第三个十年，是我国全面建成小康社会、加快推进社会主义现代化建设的关键时期，是深化改革开放、加快转变经济发展方式的攻坚时期。计量发展面临新的机遇和挑战：世界范围内的计量技术革命将对各领域的测量精度产生深远影响；生命科学、海洋科学、信息科学和空间技术等快速发展，带来巨大计量测试需求；国民经济安全运行以及区域经济协调发展、自然灾害有效防御等领域的量传溯源体系空白须尽快填补；促进经济社会发展、保障人民群众生命健康安全、参与全球经济贸易等，需要不断提高计量检测能力。夯实计量基础，完善计量体系，提升计量整体水平已成为提高国家科技创新能力、增强国家综合实力、促进经济社会又好又快发展的必然要求。

（二）奋斗目标

计量工作规划和计划都应确立指导思想和发展目标，以明确工作方向。

1. 指导思想

高举中国特色社会主义伟大旗帜，突出基础建设、法制建设和人才队伍建设，加强基础前沿和应用型计量测试技术研究，统筹规划国家计量基标准和社会公用计量标准发展，进一步完善量传溯源体系、计量监管和诚信体系，为推动科技进步、促进经济社会发展和国防建设提供重要的技术基础和技术保障。

2. 发展目标

计量科技基础更加坚实，量传溯源体系更加完善，计量法制建设更加健全，基本适应经济社会发展的需求，并提出以下工作目标：

（1）科学技术领域。建立一批国家新一代高准确度、高稳定性量子计量基准，攻克前沿技术。突破一批关键测试技术，为高技术产业、战略性新兴产业发展提供先进的计量测试技术手段。提升一批国家计量基标准、社会公用计量标准的服务和保障能力。研制一批新型的标准物质，保证重点领域检测、监测数据结果的溯源性、可比性和有效性。建设一批符合新领域发展要求的计量实验室，推动创新实验基地建设跨越式发展。

（2）法制监管领域。完成《中华人民共和国计量法》及相关配套法规、规章制修订工作。建立权责明确、行为规范、监督有效、保障有力的计量监管体系，建立民生计量、能源资源计量、安全计量等重点领域长效监管机制。诚信计量体系基本形成，全社会诚信计量意识普遍增强。

（3）经济社会领域。量传溯源体系更加完备，测试技术能力显著提高，进一步扩大在食品安全、生物医药、节能减排、环境保护以及国防建设等重点领域的覆盖范围。国家计量科技基础服务平台（基地）、产业计量测试服务体系、区域发展计量支撑体系等初步建立，计量服务与保障能力普遍提升，如实现万家重点耗能企业能源资源计量数据实时、在线采集等。

（三）重点任务和措施

在确立奋斗目标后，要明确主要工作任务，以确保提出的奋斗目标实现。

1. 加强计量科技基础研究

（1）加强计量科技基础及国家计量基标准研究。加强计量科技基础及前沿技术研究，特别是物理常数等精密测量和量子计量基准研究，应对国际单位制中以量子物理为基础的自然基准取代实物基准的重大技术革命，建立新一代高准确度、高稳定性量子计量基准。突破关键技术，建立一批经济社会发展急需的国家计量基标准、社会公用计量标准。加快改造和提升国家计量基标准能力和水平。

（2）加强标准物质研究和研制。开展基础前沿标准物质研究，扩大国家标准物质覆盖面，填补国家标准物质体系的缺项和不足。加强标准物质定值、分离纯化、制备、保存等相关技术、方法研究，提高技术指标。加快标准物质研制，提高质量和数量，满足食品安全、生物、环保等领域和新兴产业检测技术配套和支撑需求。完善标准物质量传溯源体系，保证检测、监测数据结果的溯源性、可比性和有效性。

（3）加强实用型、新型和专用计量测试技术研究。加快新型传感器技术、功能安全技术等新型计量测试技术和测试方法研究，加快转化和应用，填补新领域计量测试技术空白。加快航空航天、海洋监测、交通运输等专用计量测试技术研究，提升专业计量测试水平。提高食品安全、药品安全、突发事故的检测报警，环境和气候监测等领域的计量测试技术水平，增强快速检测能力。将计量测试嵌入产品研发、制造、质量提升、全过程工艺控制中，实现关键量准确测量与实时校准。加强仪器仪表核心零（部）件、核心控制技术研究，培育具有核心技术和核心竞争力的仪器仪表品牌产品。

（4）加强量传溯源所需技术和方法研究。加强与微观量、复杂量、动态量、多参数综合参量等相关的量传溯源所需技术和方法的研究。加强经济安全、生态安全、国防安全等领域量值测量范围扩展、测量准确度提高等量传溯源所需技术和方法的研究。加强互联网、物联网、传感网等领域计量传感技术、远程测试技术和在线测量等相关量传溯源所需技术和方法的研究。加强计量对能源资源的投入产出、流通过程中的统计与测量，以及对贸易、税收、阶梯电价等国家政策的支持方式和模式研究。

2. 加强计量科技创新与管理

（1）推进计量科技创新。大力推动计量科技与物理、化学、材料、信息等学科的交叉融合，完善学科布局。加强高校、科研院（所）以及部门科研项目的合作，开展重点领域、重点专业、重点技术难题专项合作研究。改善对环境控制和设施配套有较高要求并与先进测量、高精密测量相适应的超高、超宽和洁净实验条件以及计量科技创新实验环境。构建以计量前沿科研为主体、计量科研创新发展为手段、服务产业技术创新为重点、推动创新型国家建设为宗旨的"检学研"相结合的计量技术创新体系。

（2）加快科技成果转化。计量科研项目的立项、论证等要与高技术产业、战略性新兴产业的科研项目对接，把科研成果的转化作为应用型计量技术研究课题立项、执行、验收的全过程评审指标。加快计量科研成果的推广和应用。建立计量科研机构与企业技术机构交流平台，加强计量技术机构与企业联合立项、联合攻关、联合研发力度，开展计量科研成果展示、科研人员技术交流、技术合作或共同开发等，促进计量科研成果转化和有效应用。

（3）积极参与计量国际比对。积极参加计量基标准国际比对，增加作为主导实验室组织计量国际比对的数量，提高我国量值的国际等效性。加强对计量国际比对各环节管理，为参与和组织计量国际比对提供便利。积极参与国际同行评审，加快校准测量能力建设，提升我国在国际计量领域的竞争力和国际影响力。

（4）制修订计量技术规范。及时制修订计量技术规范，满足量传溯源及计量执法需要。加大经济发展、节能减排、安全生产、医疗卫生等领域的计量技术规范制修订力度。加强部门（行业）和地方计量技术规范制修订工作管理，促进计量技术规范协调统一。增强实质性参与制修订国际建议的能力，推动我国量值与国际量值等效一致。

3．加强计量服务与保障能力建设

（1）提升量传溯源体系服务与保障能力。统筹国家计量基标准、社会公用计量标准建设，科学规划量传溯源体系。加速提升时间频率等关键量和温室气体、水、粮食、能源资源等重点对象量传溯源能力。加快食品安全、节能减排、环境保护等重点领域国家计量基标准和社会公用计量标准建设，填补量传溯源体系空白。全面提升各级计量技术机构量传溯源能力。根据需要合理配置计量标准，做好企（事）业单位的内部量传溯源工作，保证量值准确可靠。

（2）完善国家计量科技基础服务平台（基地）。以国家计量基标准和社会公用计量标准建设为主体，以量传溯源体系为基本架构，进一步完善国家计量科技基础服务平台（基地）。加强大型计量科学仪器、设备共享，营造开放、共享的计量研究实验环境。加强科技文献数据、计量科研数据和科研成果数据共享，促进科研成果的转化、推广和应用。强化平台（基地）信息化建设，不断充实国家计量基标准和社会公用计量标准、计量科研成果、计量服务能力和水平等信息。

（3）构建国家产业计量测试服务体系。整合相关科研院所、高等院校、企（事）业单位等资源，在高技术产业、战略性新兴产业、现代服务业等经济社会重点领域，研究具有产业特点的量值传递技术和产业关键领域关键参数的测量、测试技术，开发产业专用测量、测试装备，研究服务产品全寿命周期的计量技术，构建国家产业计量测试服务体系。

（4）构建区域发展计量支撑体系。整合区域内现有计量技术机构、专业计量站、部门计量技术机构以及企（事）业单位的计量技术能力，结合主体功能区规划定位，加强计量技术服务与保障能力建设。建立满足区域发展需要的国家计量基准和社会公用计量标准，完善量传溯源体系，加强相关计量测试技术的研究，开展计量检测等活动，提升现代计量测试水平和服务区域经济发展的能力。

（5）构建国家能源资源计量服务体系。完善与能源资源计量相关的国家计量基准和社会公用计量标准体系建设，加强能源资源监管和服务能力建设，开展城市能源资源计量建设示范，开展能源资源计量检测技术研究、交流及计量检测技术研究成果转化，促进节能减排。开展计量检测、能效计量比对等节能服务活动，促进用能单位节能降耗增效。开展专业技术人才培训，提高专业素质，构建能源资源计量服务体系。

4. 加强企业计量检测和管理体系建设

依据测量管理体系有关标准和国际建议要求，完善计量检测体系认证制度，推动大、中型企业建立完善计量检测和管理体系。加强计量检测公共服务平台建设，为大宗物料交接、产品质量检验以及企业间的计量技术合作提供检测服务。生产企业特别是大、中型企业要加强计量基础设施建设，建立符合要求的计量实验室和计量控制中心，加强对计量检测数据的应用和管理，合理配置计量检测仪器和设备，实现生产全过程有效监控。积极采用先进的计量测试技术，推动企业技术创新和产品升级。新建企业、新上项目等，要把计量检测能力建设作为保证企业产品质量、提高企业生产效率、实现企业现代化和精细化管理的重要技术手段，与其他基础建设一起设计，一起施工，一起投入使用。

5. 加强计量监督管理

（1）加强计量法律法规体系建设。加快《中华人民共和国计量法》及相关配套法规、规章的制修订，建立健全有中国特色的计量监管体制和机制。全面梳理相关法规规章，形成统一、协调的计量法律法规体系。制定强制管理的计量器具目录，强化贸易结算、安全防护、医疗卫生、环境监测、资源管理、司法鉴定、行政执法等重点领域计量器具监管。制修订能效标识监管、过度包装监管等方面的行政法规或规章，推动相关监管制度的建立和实施。

（2）加强计量监管体系建设。进一步健全计量监管体系，提高监管效率，保证全国单位制统一和量值准确可靠。加强重点计量器具的监督，完善计量器具制造许可、型式批准、强制检定、产品质量监督检查等管理制度，提高计量器具产品质量。用简便、快速、有效的计量执法装备充实执法一线，完善计量监管手段，提高执法人员综合素质和执法水平。加强对计量检定技术机构监管，规范检定行为。建立强制检定计量器具档案。完善部门计量监管机制，加大监管力度。充分发挥新闻舆论、社会团体、人民群众等社会监督作用。

（3）推进诚信计量体系建设。在服务业领域推进诚信计量体系建设，加强诚信计量教育，树立诚信计量理念。强化经营者主体责任，培养自律意识，推动经营者开展诚信计量自我承诺活动，培育诚信计量示范单位。加强计量技术机构诚信建设，增强计量检测数据的可信度和可靠性。实施诚信计量分类监管，建立诚信计量信用信息收集与发布和计量失信"黑名单"制度，建立守信激励和失信惩戒机制。

（4）强化民生计量监管。加强对食品安全、贸易结算、医疗卫生、环境保护等与人民群众身体健康和切身利益相关的重点领域计量监管。在服务业领域推行计量器具强制检定合格公示制度，依法接受社会监督。强化食品安全等重点领域相关标准物质的制造、销售和使用中的监管，促进标准物质规范使用。强化对定量包装商品生产企业计量监管，改革完善定量包装商品生产企业计量保证能力监管模式，有针对性地开展计量专项整治，维护消费者合法权益。

（5）强化能源资源计量监管。加强对用能单位能源资源计量器具配备、强制检定的监管。开展能源资源计量审查、能效对标计量诊断等活动，培育能源资源计量示范单位。按照相关法律法规要求，强化用能单位能源资源计量的主体责任，引导用能单位合理配备和正确使用能源资源计量器具，建立能源资源计量管理体系，实现实时监测。加强对能源资源计量数据分析、使用和管理，对各类能源资源消费实行分类计量。积极采用先进计量测试技术和先进的管理方法，实现从能源采购到能源消耗全过程监管。

（6）强化安全计量监管。加强安全用计量器具提前预测、自动报警、检测数据自动存贮、实时传输等相关功能的研发和应用，提高智能化水平。加强与安全相关计量器具的制造监管，为生产安全、环境安全、交通安全等提供高质量的计量器具。加强重点行业安全用计量器具的强制检定，督促使用单位建立和完善安全用计量器具的管理制度，按要求配备经检定合格的计量器具，确保安全用强制检定计量器具依法处于受控状态。加强安全用计量器具的监督抽查。建立计量预警机制和风险分析机制，制订计量突发事件的应急预案。

（7）严厉打击计量违法违规行为。加强计量作弊防控技术和查处技术研究，提高依法快速查处能力。加大计量器具制造环节监管，严厉查处制造带有作弊功能的计量器具。加强市场监管，对重点产品加大检查力度，严厉查办利用高科技手段从事计量违法行为。严厉打击能效标识虚标和商品过度包装行为。加强执法协作，建立健全查处重大计量违法案件快速反应机制和执法联动机制，加强行业性、区域性计量违法问题的集中整治和专项治理。建立健全计量违法举报奖励制度，保护举报人的合法权益。做好行政执法与刑事司法衔接，加大对计量违法行为的刑事司法打击力度。

6. 加强国际计量交流合作

建立国际计量交流合作平台，加强国际计量技术交流合作，促进我国量值国际等效，促进对外贸易稳定增长。扩大计量双边、多边合作与交流，参与重要国际合作计划和项目，扩大互认国和互认产品范围，满足"一次测试、一张证书、全球互认"的发展需求。

（四）保障措施

1. 加强组织领导

各级人民政府要高度重视计量工作，把计量发展规划纳入国民经济和社会发展规划中，及时研究制定支持计量发展的政策措施。各地要按照计量量传溯源体系特点和要求，整体规划计量发展目标，合理布局本地区计量发展重点，建立完善的计量服务与保障体系。各部门、各行业、各单位要按照规划要求，组织编制实施方案，分解细化目标，落实相关责任，确保规划提出的各项任务完成。要加强国家、地区、部门有关年度工作计划与规划的衔接，把规划的总体要求安排到年度计划中。

2. 加大投入力度

各级人民政府要增加对公益性计量技术机构的投入。发展改革、财政、科技、人力资源社会保障等部门要制定相应的价格、投资、财政、科技以及人才支持政策。加强对计量重大科研项目的支持，促进计量科技研发和重点科研项目、科研成果的转化和应用。增加强制检定所需计量检定设备投入，完善基层计量执法手段，提升计量执法能力和水平。支持开展计量惠民活动，把与人民生活、生命健康安全密切相关的计量器具的强制检定所需费用逐步纳入财政预算。

3. 加强队伍建设

依托重大科研项目、重点建设平台和国际合作项目，加大学科带头人培养力度。强化高层次科技人才开发，着力培养具有世界科技前沿水平的高级专家、高层次领军人才。加大优秀科技人才引进，重视青年科技英才培养，支持青年人才主持重点科技项目。加强计量相关学科、专业以及课程建设，完善全过程计量人才培养机制。加强计量技术人员相关职业资格制度建设，加强计量行政管理人才培养，提升计量队伍的业务水平和监管能力。加强计量文化建设，构建"度万物、量天地、衡公平"的计量文化体系。加强计量基础知识普及教育和宣传，形成公平交易、诚信计量的良好社会氛围。

4. 强化评估考核

加强对规划实施评估，定期分析进展情况，实施规划中期评估，评估后须调整的规划内容，由规划编制部门提出具体方案，报国务院批准后实施。规划编制部门要对规划最终实施总体情况进行全面评估并向社会公布规划实施情况及成效。地方各级人民政府、各有关部门要建立落实规划的工作责任制，按照职责分工，对规划的实施情况进行检查考核，对规划实施过程中取得突出成绩的单位和个人予以表彰奖励。

在计量工作规划中还可拟订一些具体的工作规划，如计量基/标准及量传溯源体系发展规划、科学计量发展规划、法制计量发展规划、国家计量技术法规制定修订项目规划表，计量测试中心建设与改造规划表及基本建设规划表等，作为计量发展规划的具体补充。

各地区、部门以及企事业单位的计量工作发展规划和计划基本上应按照上述程序及内容框架编制，并纳入地区、部门及企事业单位的技术监督工作发展规划和计划，乃至经济和科技发展规划、计划或企业发展规划、计划之中。

第二节　计量统计与授权管理

一、计量统计工作

统计工作是认识社会的重要手段，也是管理计量事业的有效工具。

（一）计量统计工作的过程

计量统计，是指根据国家统计法律法规，结合我国计量工作实际，制定统计项目，编制统计计划和方案，制定统计制度，开展统计调查、统计分析，提供统计资料和信息咨询等活动。各级计量部门应当加强计量统计科学研究，健全计量统计指标体系，完善计量统计制度，改进计量统计方法，保证计量统计质量。

计量统计工作是指搜集、整理和分析计量统计资料的管理实践活动。其过程一般可分为以下四个阶段：

1. 计量统计项目确定

计量统计项目由国家或省级计量行政部门确定，计量统计项目应当互相衔接，避免矛盾、重复，并进行必要性、可行性、科学性、实用性、协调一致性等审查。

2. 计量统计调查

制定计量统计项目，应当同时制定该项目的统计调查制度并依照规定一并报经审批或者备案。

全国性的计量统计调查制度由国家计量行政部门拟定，调查对象属于计量行政系统内的，由国家计量行政部门审批，报国家统计局备案。如涉及其他行政部门的，则应报国家统计局审批。

地方计量统计调查制度，由地方计量行政部门的统计机构拟定，经地方计量行政部门或同级统计主管部门审批后实施，并报上一级计量行政部门备案。

在计量统计调查阶段，主要是搜集各种有关计量工作的客观事物数量特征的原始数据，如计量人员（按文化程度、技术职称、干部、工人分类）的统计数据；计量经费（财政拨款、检修费、生产收入等）收支数据；固定资产、计量标准名称、价值统计数据；计量器具检定台（件）统计数据等。

制定计量统计调查制度，应当按照统计项目编制计量统计调查计划和计量统计调查方案。对调查目的、调查内容、调查方法、调查对象、调查组织方式、调查表式、统计资料的报送和公布等做出规定。

计量统计调查计划应当列明项目名称、调查机关、调查目的、调查范围、调查对象、调查方式、调查时间、调查的主要内容等；计量统计调查方案应当包含供计量统计调查对象填报用的统计调查表和说明书、供整理上报用的统计综合表和说明书、统计调查需要的人员和经费及其来源。统计调查方案所规定的指标含义、调查范围、计算方法、分类目录、调查表式、统计编码等，未经批准该统计调查方案的部门同意，任何单位或者个人不得修改。

开展计量统计调查，搜集、整理统计资料，应当以周期性普查为基础，以经常性抽样调查为主体，综合运用全面调查、重点调查等方法，充分利用行政记录等资料，并充分利用统计标准化、信息化技术。

3. 计量统计整理和管理

各级计量部门对统计调查取得的计量统计资料，应当运用科学方法，采用定量与定性相结合的方式进行统计分析，并建立健全计量统计资料的报送、保存、归档、使用等管理制度。

计量统计整理即按照统计研究的目的和要求，对原始资料进行审核、分组、汇总。在这个阶段里，计量统计的工作内容就是对各项计量统计项目的原始资料认真进行审核查对，确保统计资料的准确性，然后按国家计量行政部门的统一规定分组归类，逐级汇总上报或进行管理；保证计量统计资料的真实性、准确性、完整性、及时性。

计量统计资料应按有关的档案管理制度或标准及保密制度等进行妥善保管，对尚未公布的或不宜公开的各项计量统计数字等要注意保密。

4. 计量统计资料公布和使用

计量统计资料的公布以及统计信息咨询应当严格按照统计法律法规和有关规定执行。公布后，要以准确的计量统计资料为基础，以科学的统计方法为手段，研究客观事物即计量的现状和发展过程，并进行科学的推论，从而认识事物即计量工作的本质和规律，预测计量工作发展的前景，以采取正确的计量工作方针、政策，推动我国计量事业健康发展。

（二） 计量统计工作的基本任务

计量统计工作的基本任务就是对计量事业发展情况进行统计调查，开展统计分析，提供统计资料，实行统计监督。各级计量部门和机构，计量器具生产经营销售单位及个人，均要依照有关规定，如实提供统计资料，不得虚报、瞒报、拒报、迟报，更不准伪造和窜改统计资料。

（三） 计量统计管理体制及各级部门的职责

我国计量统计工作实行统一管理、分级负责的管理体制。

国家计量行政部门负责管理、协调全国的计量统计工作。

县级以上地方政府计量行政部门负责管理、协调本行政区域内的计量统计工作。

国务院各有关行政部门的计量管理机构，负责管理、协调本部门的计量统计工作。

国家计量行政部门的统计主管机构主要职责为：①组织、指导和协调全国计量统计工作；②制定全国计量统计调查计划及有关工作制度；③建立全国计量统计报表与统计指标体系；④组织、收集、整理、提供全国性计量统计资料，进行统计分析、统计预测和统计监督；⑤定期提供统计调查资料，报告计量统计工作基本情况、提出建议，并负责向国家统计局报送基本统计资料；⑥组织和建立全国计量统计信息传输自动化工作；⑦组织全国计量统计人员的培训、考核和奖励等。

地方计量行政部门的统计工作一般设在办公室，其统计方面的职责表现在以下两方面。①认真执行统计法规和统计制度，保证准确及时地提供计量统计资料。②支持计量统计人员独立行使一定职权：统计调查权，即召开有关调查会议，调查收集有关统计资料等方面的权力；统计报告，即将计量统计资料进行整理分析，向上级有关部门提供统计报告等方面的权力；统计监督权，即对计量工作进行统计监督；检查虚报、漏报、瞒报计量统计资料的行为，提出改进计量统计工作的建议等方面的权力。

国务院各有关行政部门的计量统计管理人员也具有上述职责和职权。

（四） 计量统计制度

计量统计工作是计量管理中一项重要工作，也是国家统计工作中的一个组成部分。为了有效地开展计量统计工作，应该制定一系列计量统计制度。

计量统计制度由国务院计量行政部门统一制定。如统计项目的确定、统计资料的分类方法、呈报时限以及统计资料的归档管理等都应有一系列的工作制度，以保证计量统计数据质量，项目分类目录、统计调查表格、统计项目编码等还要制定成统一的统计标准，以便于汇总、计算和管理。

对计量统计工作符合相关表现之一的单位和个人应给予表扬或奖励：①在改革和完善计量统计制度、统计方法等方面有贡献的；②在完成规定的计量统计调查任务，保障计量统计资料准确性、及时性方面，做出显著成绩的；③在进行计量统计分析、统计预测和统计监督方面有所创新，做出显著成绩的；④在运用和推广现代计量信息技术管理方面做出成绩、有显著效果的；⑤坚持实事求是，依法办事，同违反统计法规的行为做斗争，表现突出的。

但如有相关行为之一的，其情节较重但尚未构成犯罪的，应对直接责任及有关领导人给予通报批评或者行政处分：①虚报、瞒报计量统计资料的；②伪造、窜改计量统计资料的；③拒报或屡次迟报计量统计资料的；④违反计量统计机构、人员依法行使职权的；⑤未经批准和核定，自行编制发布计量统计数字或公布计量统计资料的；⑥违反有关保密规定，造成一定损失的。

二、计量授权的原则和作用

计量授权是指政府计量行政部门通过履行一定的法律程序，将贯彻实施《计量法》所进行的计量检定、技术考核、型式评价、计量认证、仲裁检定等技术监督管理权限授予经过考核合格的相关技术机构。

计量法制管理有两个明显的特点：一是它的社会性，即覆盖面广量大；二是它的科学性，即必须具有较强的技术手段。各级政府计量行政部门是执行《计量法》的国家行政职能部门，作为政府的计量行政主管部门应当组织、调动和协调全社会力量共同贯彻执行《计量法》。计量授权不是权力的再分配，更不是弃权、让权。它是根据计量法律、法规、规章确定的法律关系和法律秩序进行的，是利用法律手段调动社会计量技术力量对国家法定计量机构工作能力不足进行的补充，是投资小、见效快的管理模式。

政府计量行政部门设置的法定计量技术机构，是实施计量检定、校准、检测、测试法制任务的基本队伍。但是，由于计量器具门类多、分布广、数量大、使用情况非常复杂，政府计量行政部门所属的法定计量检定机构难以包揽全部法律规定的计量检定、校准、检测、测试任务，因此，《计量法》规定了一种必要的计量授权形式，即政府计量行政部门可根据实际需要，选择其他具备条件的计量技术机构，按照统筹规划、经济合理、就地就近、方便生产、利于管理的原则，授权其执行强制检定和其他检定、校准、检测、测试任务。其目的在于充分利用社会计量资源，协调社会各方面的技术力量，打破行政区划和部门的限制，解脱条块分割的桎梏，共同遵守执行《计量法》。为加强计量工作的广度和深度，建立经济、合理、有序的社会计量技术保障体系，原国家技术监督局制定了《计量授权管理办法》，全国各级政府计量行政部门已授权多个中央和地方的计量技术机构承担授权范围内的各项计量检定、校准、检测、测试任务，为政府计量行政部门实施计量监督管理提供了更有力的技术保证，增强了政府计量行政部门的行政保证能力。

三、计量授权的形式

县级以上政府计量行政部门可以根据需要，采取以下四种形式，授权其他单位的计量检定机构，执行计量法律规定范围的计量检定、校准、检测、测试任务。

（一）授权专业性或区域性的计量技术机构作为法定计量检定机构

国家计量行政主管部门根据特殊行业的计量需求，授权专业性或区域性的计量技术机构作为法定计量检定机构。根据特殊行业的计量需求，现已授权国务院有关部门的计量技术机构分别建立了轨道衡、高电压、大流量、大容量、海洋等 18 个国家专业计量站和 34 个专业计量站分站。根据地区计量需要，现已授权东北、中南、西北、华东、华北、华南、西南等大区计量测试中心作为国家级区域性法定计量检定技术机构。各省级政府计量行政部门，同样可以根据本地区的需要，授权所属辖区的计量机构，作为省级区域性法定计量检定机构。

（二）授权建立社会公用计量标准

授权有关部门或企事业单位的计量标准作为社会公用计量标准，承担当地政府计量行政部门依法设置的计量技术机构不能覆盖的某一项或几项量值传递任务。以这种形式授权必须慎重，因为《计量法》规定：处理因计量器具准确度所引起的纠纷，以国家计量基准器具或者社会公用计量标准器具检定的数据为准。社会公用计量标准对社会上实施计量监督具有公证作用。在办理授权时一定要认真分析考虑需要授权的任务、涉及的授权区域，针对授权工作的性质，最终决定是以社会公用计量标准的形式授权还是以面向社会开展非强制检定或强制检定形式授权。

（三）授权有关单位对其内部使用的强制检定的计量器具执行强制检定

授权有关单位对其内部使用的强制检定的计量器具执行强制检定又称为专项计量授权，一般针对企事业单位的计量技术机构。当这类机构建立了计量标准，经计量标准考核合格，具备了相应计量检定能力时，计量行政部门可以根据强制检定实施定点定期管理的原则，授权其对内部使用的强制检定的计量器具执行强制检定。一旦这些企事业单位计量技术机构获得了授权，所开展的对其内部使用的强制检定的计量器具执行强制检定的活动，就具有双重意义：一是解决了本单位强制检定工作的需要；二是承担了政府计量行政部门的委托，代替计量行政部门执行强制检定任务。这时的强制检定从组织上、技术上、管理上都具备了法制计量的特点。作为获得专项计量授权的机构，应当按照计量授权管理的规定，依法开展强制检定工作，上报专项计量授权工作动态和工作总结，接受政府计量行政部门的监督。

计量技术机构承担法律规定的其他检定、校准、检测、计量。法律法规规定：计量标准考核，制造、修理计量器具许可证的考核，计量器具的型式评价，计量纠纷的仲裁检定，产品质量检验机构的计量认证评审等活动为特定的计量测试任务，对这些特定技术考核任务，以指定的形式进行授权，被授权机构以相应的考核或评审报告形式表明授权任务的完成。只有这五种计量考核评审活动被定义为法制管理的计量测试活动，与使用计量标准开展的检定、校准、测试中的计量技术测试不可同日而语。

而授权有关计量检定机构面向社会开展强制检定或非强制检定，是一种使用较为广泛的专项计量授权形式。面向社会开展非强制检定，即我们经常所称的计量校准。可以授权部门、企事业单位计量技术机构面向社会开展强制检定或非强制检定（计量校准），也可以授权有些依法设置的计量技术机构作为区域性计量技术机构，承担跨行政区域的强制检定或非强制检定（计量校准）任务。

四、计量授权的办理程序

计量行政部门应当按照统筹规划、经济合理、就地就近、方便生产、利于管理的原则，制订本区域内计量授权工作规划，明确项目发展要求、建设规模、管理模式，并且公布授权规划，组织辖区内各类计量机构更好地贯彻执行《计量法》，携手并进，共同努力。

计量授权工作的办理程序包括以下六方面。①申请单位向有关计量行政部门提交计量授权申请书及有关技术资料。②受理申请的计量行政部门对申请授权法定计量检定机构，要报单位主管领导审批；对申请社会计量标准授权的，要征求已设立的法定计量检定机构的意见后再决定。③受理申请的计量行政部门负责对授权申请资料进行初审，资料齐全并符合计量授权要求的，受理申请，发送受理决定书；不符合要求的，告知需要补正的全部内容，发送补正告知书；不属于受理范围的，发送不予受理决定书，并将有关资料退回申请单位主管部门。④受理申请的计量行政部门委托考核组，依据考核规范的要求对申请考核单位进行授权考核。⑤考核组将考核后的材料上报下达考核任务的计量行政部门。⑥受理申请的计量行政部门对考核结果进行审核。审核合格的，对通过的项目颁发《计量授权证书》和工作印章；不合格的，发送考核结果通知书，并将申请资料退回申请单位。

（一）计量授权的申请

1. 申请授权必须具备的条件

申请授权单位所申请的授权项目相对应的计量标准必须通过授权单位主持的考核，取得计量标准考核证书。其对应计量标准具体要求如下：

（1）计量标准、检测装置和配套设施必须与申请授权项目相适应，满足授权任务的要求。

（2）工作环境能适应授权任务的需要，保证有关计量检定、测试工作正常进行。

（3）检定、测试人员必须适应授权任务的需要，掌握有关专业知识和计量检定、测试技术，并经授权单位考核合格，取得检定员证或者注册计量师资格和项目证件。

2. 申请授权单位应递交计量授权申请书和有关技术文件及资料

申请计量授权应提交计量授权申请书一式三份，两份报受理单位，一份留申请单位。计量授权申请书可以向计量行政部门申领，应提交的技术文件和资料有：

（1）计量标准器及配套设备有效检定或校准证书复印件。

（2）由授权单位或授权单位上级计量行政部门颁发的计量检定员证或者注册计量师资格和项目注册证复印件。

（3）证明计量标准运行准确、可靠的证据，如计量标准运行检查记录、计量标准中间核查记录、计量标准比对记录。

（4）计量标准的工作制度和管理制度，如提供管理手册，应指明具体章节、条款。

3. 申请授权应按以下规定向有关人民政府计量行政部门提出申请

（1）申请建立计量基准、申请承担重点管理计量器具新产品型式评价的授权，向国务院计量行政部门提出申请。

（2）申请承担一般计量器具新产品型式评价的授权，向当地省级人民政府计量行政部门提出申请。

（3）申请对本部门内部使用的强制检定计量器具执行强制检定的授权，向同级人民政府计量行政部门提出申请。

（4）申请对本单位内部使用的强制检定的工作计量器具执行强制检定的授权，向当地市（县）级人民政府计量行政部门提出申请。

（5）申请作为专业性、区域性法定计量检定机构，申请建立社会公用计量标准，申请承担计量器具产品质量监督试验，申请对社会开展强制检定、非强制检定等授权，应根据申请承担授权任务的区域和性质，向相应的人民政府计量行政部门提出申请。

（二）计量授权的受理与考核

1. 计量授权的受理

有关人民政府计量行政部门在接到计量授权申请书和报送的材料之后，必须在 6 个月内，对提出申请的有关技术机构审查完毕，并发出是否接受申请的通知。

2. 计量授权的考核

（1）申请作为法定计量检定机构、建立本地区最高社会公用计量标准的，由受理申请的人民政府计量行政部门报请上一级人民政府计量行政部门主持考核。

（2）申请建立本地区次级社会公用计量标准，对内部使用的强制检定计量器具执行强制检定，承担计量器具产品质量监督试验、新产品型式评价和对社会开展强制检定、非强制检定的，由受理申请的人民政府计量行政部门主持考核。

（3）根据《关于加强计量检定授权管理工作的通知》，对申请承担单位内部强制检定工作的单位或向社会开展非强制检定工作的单位，统一按照《计量标准考核规范》进行考核授权；对申请向社会开展强制检定工作的单位，统一按照《法定计量检定机构考核规范》进行考核授权，不再制定新的计量授权考核规范。

《法定计量检定机构考核规范》几经修改，对于计量检定机构的考核要求越来越细，条款数目越来越多，申请作为法定计量检定机构、建立本地区最高社会公用计量标准的，适用于《法定计量检定机构考核规范》。申请专项计量授权的，虽然《法定计量检定机构考核规范》规定，当一个机构不从事计量校准、型式评价、商品量及商品包装计量检验或能源效率标识计量检测等工作时，可以对考核要求进行裁剪，但裁剪仅限于规范中那些不影响机构提供满足顾客和适用法律法规要求的服务能力或责任的条款。不允许裁剪考核规范中的任何条款。这些规定对于只申请强制检定或非强制检定专项计量授权任务的计量技术机构仍然是难以满足考核要求的。

3. 计量授权考核的内容

（1）计量标准的计量性能与申请授权项目相适应，满足授权任务的要求，计量标准器及配套设备按期检定或校准，溯源有效。

（2）工作环境能适应授权任务的需要，保证有关计量检定、校准、检测、测试工作的正常进行。

（3）检定、校准、检测、测试人员必须适应授权任务的需要，掌握有关专业知识和计量检定、校准、检测、测试技术，并经考核合格。

（4）建立了保证计量检定、测试结果公正、准确的有关工作制度和管理制度，并能够严格执行。

（5）申请作为法定计量检定机构、建立社会公用计量标准的考核内容见《法定计量检定机构考核规范》的考核章节。

4．计量授权考核结果的处理

（1）对考核合格的单位，由受理申请的人民政府计量行政部门批准，颁发相应的计量授权证书和计量授权检定、校准、检测、测试专用章，并公布被授权单位的机构名称和所承担授权的业务范围。

（2）计量授权证书由授权单位规定有效期，最长不超过5年。被授权单位可在有效期满前6个月提出继续承担授权任务的申请；授权单位根据需要和被授权单位的申请在有效期满前进行复查，经复查合格的，延长有效期。

（三）计量授权后的管理与监督

计量授权不是权力的再分配，更不是弃权、让权。它是根据计量法律、法规、规章确定的法律关系和法律秩序进行的，被授权单位和授权单位双方都有各自的权利与义务。授权部门应经常检查被授权单位的工作，履行法律赋予的监督责任，被授权单位则要信守授权职责承诺。而这种双向制约实际上起着规范的作用，在必要时授权部门可以收回其所授予的权力。因此，被授权单位必须遵守下列规定：

第一，相应计量标准，必须接受计量基准或者社会公用计量标准的检定。

第二，执行检定、校准、检测、测试任务的人员，必须经授权单位考核合格。

第三，承担授权范围内的检定、校准、检测、测试工作，要接受授权单位的监督，提供的技术数据应保证其正确性和公正性。

第四，一旦成为计量纠纷当事人一方，在双方协商不能自行解决的情况下，要由政府计量行政部门进行调解和仲裁检定。

第五，必须按照授权范围开展工作，须新增计量授权项目，应按照《计量授权管理办法》有关规定，申请新增项目的授权。

第六，要终止所承担的授权工作，应提前6个月向授权单位提出书面报告，未经批准不得擅自终止工作。

第三节　计量管理体系与中介服务

"计量管理是确保计量工作顺利开展的重要工程，对计量检定周期、检定程序、检修程序以及任务的部署等进行整体规划，并且对企业的成本消耗进行分析，为企业生产的高效发展创造有利的条件。"① 我国是一个历史悠久的文明古国，随着我国历代政治、经济体制的变迁，我国计量管理体制也有一个发展和改革演变的过程。

目前，我国计量管理体制的策划和建立遵循了下列四项原则：

第一，从我国的国情出发。我国的实际情况主要是两条：一是我国从秦朝开始就以行政管理为主实行计量（原为度量衡）管理，现在又是实行社会主义制度，国家可以和必须对全国的计量工作实行统一领导、统一管理、统一监督；二是我国历史悠久，土地辽阔，但科学文化水平和生产力水平还较低，底子薄，基础差，并且各地经济发展很不平衡，这就使我国各地计量器具、计量技术水平参差不齐，在相当长的一个历史时期内，先进和落后的计量器具将共存同用。因此，计量管理也必须是多层次的，不能"一刀切"。

第二，符合社会主义市场经济体制。经济体制决定和制约着计量管理体制。我国已确立社会主义市场经济体制，即社会主义条件下的市场经济体制。它具有以下特色：企业是市场主体，能独立自主地做出决策并承担经济风险；建立起优胜劣汰的市场体系和市场竞争机制，有宏观经济调控机制，对市场运行实行导向和监控；还有完备的经济法规，保证经济运行的有序化、法制化等。作为国民经济中的子基础体系——计量管理体制必须适应和符合社会主义市场经济体制的客观要求。

第三，从现有计量工作基础着手。中华人民共和国成立以来，我国的计量事业得到了很大的发展。国家计量基准中，七个基本计量单位量值中，除摩尔（mol）外，其他六个基准的复现精度都已达到或接近国际先进水平。至今已基本建立县级以上政府计量行政部门和数千个地方与行业计量技术机构，并已形成了一支庞大的计量管理队伍和计量技术队伍。这些是我国计量管理和工作的基础。

第四，认真总结经验，借鉴国际的先进经验。我国计量管理的历史悠久，特别是中华人民共和国成立以来积累了丰富的经验，当然也有不少教训。我们应该认真总结，使我国的计量管理有很好的继承性和具有中国特色。

同时也应认真借鉴和引进国际计量管理方面的先进经验，如美国、日本和欧洲一些国家把计量管理和标准化、质量管理紧密结合起来，把计量测试和产品质量检验结合起来，这样避免了计量、标准化、质量管理各成一家、独立发展而造成的浪费甚至互相抵消的弊病。

依据上述原则，我们可以初步表述我国的计量管理体制如下：

第一，按照我国行政区域在各级人民政府中建立各级计量行政管理部门，作为政府主管计量工作的行政职能机关和执法机构。

第二，以中国计量科学研究院为龙头，以大中城市计量技术机构为中心，合理规划与

---

① 吴珊珊，张金光. 计量管理在计量工作中的作用 [J]. 黑龙江科技信息，2016（22）：282.

建立符合国家检定系统表要求的各级计量技术机构组成的计量技术保障体系。

第三，加强对各类计量器具产品的研制、开发、生产、修理的监督和指导，形成一个技术水平高、产品质量好的计量器具生产经营体系。

第四，以中国计量大学为龙头，各类设有计量类专业的高中等院校和培训中心为网点，各级计量职业教育为基础，形成一个纵横交错、层次合理的计量人才培训教育体系。

第五，建立一个信息灵敏、反馈及时、服务周到的全国计量信息网络等。

第六，由中国计量科学研究院牵头，各大区、省、直辖市计量测试技术机构参加，组成计量科研管理体系。

第七，建立、发展和规范称重计量、流量、容量和商品房面积测量等社会公正计量机构，形成一个对重要商品量公正计量的中介服务网络体系。

第八，以中国计量测试学会为首，与各省（自治区、直辖市）计量测试学会组成全国计量学术交流体系等。

一、计量行政管理体系

《计量法》总则中规定我国要按行政区域建立各级计量行政管理部门，从而在全国组成一个计量行政管理体系。

（一）国务院计量行政部门

依据《计量法》，国务院计量行政部门负责推行国家法定计量单位；管理国家计量基准和标准物质；组织制定计量检定系统、检定规程和管理全国量值传递/溯源；指导和协调各部门各地区的计量工作，并对各地各部门实施计量法律、法规和规章的情况进行监督检查，规范和监督商品量的计量行为。

（二）省（自治区、直辖市）政府计量行政部门

各省（自治区、直辖市）计量行政管理部门的主要职责如下：

第一，贯彻实施国家有关计量工作的方针、政策和法律、法规，在不与国家计量法规相抵触的前提下，起草和制定本地区的计量地方法规和计量管理方面的地方计量法规，对违反计量法律、法规的行为进行处理。

第二，组织规划和建立本地区各级社会公用计量标准器具及计量测试机构，认真按检定系统表组织进行量值传递/溯源，保证本地区计量单位制和量值的统一。

第三，制订和组织实施本地区计量事业发展规划和协调本行政区域各地各部门计量工作。

第四，组织本行政区域内各类计量人员的培训、教育和考核。

第五，组织计量器具新产品型式评价，监督检查各地各部门计量工作情况，积极为社会提供计量测试服务。

第六，规范市场计量行为，开展商品量监督。

20 世纪末，我国各省（自治区、直辖市）级以下计量行政部门实行垂直管理体制后，还要负责领导各市（盟、州）计量行政部门。2008 年以来，省级以下计量行政管理部门由垂直管理改为地方政府分级管理体制，但在业务上接受上级计量行政管理部门的指导和监督。

（三）市（盟、州）计量行政部门

市（盟、州）计量行政部门是市（盟、州）政府主管计量工作的职能机构，其内部组织机构一般根据本市（盟、州）实际需要设置。市（盟、州）人民政府计量行政部门的主要职责如下：

第一，宣传贯彻国家和省（自治区、直辖市）有关计量工作的方针、政策和法规，负责起草本市（盟、州）计量管理规章制度和有关计量方面的文件监督实施。

第二，制订本市（盟、州）计量工作的长远规划和近期计划，组织领导和监督协调本市（盟、州）的计量工作。

第三，组织本市（盟、州）的量值传递并负责监督检查执行情况。根据需要建立各项社会公用的计量标准项目，为本市（盟、州）工农业生产、科研和群众生活服务。

第四，负责本市（盟、州）计量器具生产、修理、使用和销售等方面的监督管理。

第五，组织本市（盟、州）各类计量技术人员和管理人员的业务、技术培训、考核和发证工作。

第六，负责本市（盟、州）计量情报的收集、管理、研究、利用和计量技术咨询服务活动等。

第七，领导各县级计量行政部门，协调各县级计量行政管理工作。

我国的工业城市一般是当地政治、经济和文化中心。市级计量行政管理也要相应强化，使其在我国计量管理网络中起到"中心作用"。

（四）县级计量行政部门

县级计量行政部门是我国计量行政管理体系中基础一级，也是任务最重、数量最多的计量行政管理部门。它们的主要职责与市级政府计量行政部门基本相同。但县级计量管理工作的重点是要把与人民群众生活十分密切的法制计量监督管理，以及把法定计量单位的贯彻实施工作认真抓好。

在江苏、山东、上海、浙江、福建等我国沿海经济发达地区，根据实际需要，已在部分乡、镇人民政府内设置计量管理机构或专职计量管理人员，以加强对本乡、镇的工农业生产及社会经济活动中法制计量及辖区内的工业计量管理工作，使计量行政管理伸展到乡、镇一级。

二、计量技术保障体系

经过多年的建设，我国已基本上建立起先进科学的计量技术保障体系，并正在改革中逐步完善。该体系的设置，既要考虑原来按行政区域建立起来的各级计量测试机构，又要结合国家量值传递/溯源体系，符合国家计量系统表的规定。它们担负着为我国计量法制监督提供技术保障的繁重任务，同时又要对社会提供各种计量测试技术服务。

进入我国计量技术保障体系的计量测试机构必须至少具备四个方面的要求：①进行量值传递与溯源必须具有的国家计量基准、（各级）计量标准（标准物质）器具；②计量检定/校准工作必须按照国家计量检定系统表和计量检定规程或计量校准规范；③要有从事量值传递与溯源工作的计量技术机构和称职的计量检定与校准人员；④要建立文件化的质量体系，通过国家实验室认可，确保检定或校准数据（报告）的准确性和公正性。

（一）中国计量科学研究院

中国计量科学研究院主要承担下列基本任务：

第一，开展计量科学基础研究，以及计量技术前沿、测量理论、测量技术和量值传递、溯源方法的研究。

第二，开展计量管理体系和相关法规的研究、计量科学发展规划和战略研究，以及国家测量体系、量值传递和溯源体系建设的研究。

第三，研究、建立、保存、维护国家计量基准和国家计量标准，复现单位量值，研制国家重要有证标准物质。研究、建立和负责维护国家授时系统。开展量值传递和溯源工作。

第四，开展计量基准、计量标准和标准物质的国际量值比对，实现国际等效。开展国内量值比对工作，承担计量技术机构考核、计量标准考核和能力验证工作，承担测量方法和测量结果的可靠性评价工作。

第五，承担国家质检中心、国家级重点实验室等技术机构的量值溯源工作，承担计量器具型式评价实验和产品质量监督抽查工作。

第六，开展高新技术和新发展领域量值溯源体系和相关技术的研究工作；开展工程计量测量仪器设备的研究与开发。

第七，承担相关国际建议、国际标准和国家标准研究和制修订工作，承担相关计量技术规范的制修订，开展测量数据和方法的分析与验证。

第八，开展对法定计量技术机构的技术指导，承担对高级计量专业人才的培养工作。

第九，承担与该院职责有关的对外合作与交流工作等。

20 世纪末，由国际计量委员会（CIPM）发起，38 个国家（地区）的国家计量院在巴黎共同签署了《各国计量基（标）准互认和各国计量院签发的校准与测量证书互认协议》（即 CIPMMRA 协议）。互认协议通过建立国家测量标准之间的等效度，从而提供国家计量院之间校准与测量证书的相互承认，最终为政府或其他团体间的国际贸易、商务、法律事务乃至全球经济提供安全可靠的技术支撑。国际互认协议的技术基础是各国计量基标准之间的等效性，主要技术活动是关键比对，输出成果为校准与测量能力（CMC）。随着全球经济一体化的迅速发展，我国 CMC 排名跃居国际第四位、亚洲第一位。

此外，该院还牵头组建中国校准服务联合体（CUC），以技术优势创造校准品牌，立足于国内外校准/检测市场。

（二）国家专业计量站、国家产业计量测试中心和国家城市能源计量中心

1. 国家专业计量站

我国至今已授权有关工业部门建立了国家轨道衡计量站、国家原油大流量计量站、国家高电压计量站、国家海洋计量站、国家大容器计量检定站、国家铁路罐车容积检定站、中央气象仪器检定所以及军工各专业计量站等一系列专业计量站（所）。它们分别负责各自专业领域的计量技术和量值传递工作。

2. 国家产业计量测试中心

国家产业计量测试中心应符合下列条件：

（1）拥有一支为产业发展提供计量技术保障服务的专业技术和管理人才队伍。

（2）具有符合产业发展需求的计量标准和专用测量装备、计量技术资源，实验室环境，具备产业专用计量器具的计量检定和计量校准能力。

（3）具有优质的服务产业的区域优势和基础条件，熟悉产业发展的计量技术需求，具备为产业发展服务的计量测试技术能力，且所在地具有良好的产业基础。

（4）具有良好的计量科技创新基础，具备产业专用测量仪器装备的研制能力，取得测量仪器装备的研制成果。

（5）能够提供保证产业计量测试中心建设实施的专项资金、技术支撑和后勤保障。

（6）建立独立运行的校准实验室质量管理体系等。

国家产业计量测试中心的主要任务为提供专用测量仪器校准服务、关键参数测量技术

服务、产业计量科技创新服务、产品全寿命周期计量保证服务，形成运行有效的创新服务体系等。

有些省份也筹建一些省级产业计量测试中心。

3. 国家城市能源计量中心

国家城市能源计量中心主要指通过构建城市能源计量数据服务、技术服务、技术研究、人才培养等公共服务平台，为政府、社会提供计量数据服务、能源计量量值传递和溯源、能源审计、能效检测等节能技术服务的计量技术机构。

（三）大区国家计量测试中心

大区国家计量测试中心是由原国家质量监督检验检疫总局根据中共中央文件批准建立，承担跨地区量值传递及检定测试任务的国家法定计量技术机构，是国家级量值传递体系和科研测试基地的组成部分，也是国家级量值传递和科研测试的基地之一。至今已有华东、东北、中南、华南、西北、华北与西南七个大区国家计量测试中心，其主要任务如下：

第一，负责研究建立大区最高计量标准，进行量值传递，开展计量检定、校准及测试任务。

第二，承担国家、地区经济建设急需的重大计量科研、测试任务，研制开发高准确度的计量标准器及测试仪器。

第三，承担制定、修订国家计量技术法规任务，研究解决区域性计量管理课题。

第四，组织大区内计量技术与管理经验的交流和计量技术人员的培训。

第五，开展大区间、大区内的计量标准比对工作，组织区域内省级计量标准核查工作。

第六，为实施计量监督提供技术保证。

第七，承办计量监督工作及国家质检总局下达的计量技术和管理的有关任务。

（四）地方各级计量测试技术机构

各省（自治区、直辖市）计量行政部门根据本省（自治区、直辖市）的计量事业需要设立的省（自治区、直辖市）计量测试研究院（所），为省（自治区、直辖市）法定计量技术机构；省（自治区、直辖市）的计量测试中心，负责本行政区域内的量值传递工作。

它们大多数拥有仅次于国家计量基准或工作基准水平的计量标准器，主要承担在一些社会法制计量专业领域内满足本省（自治区、直辖市）内各地、市、县计量技术机构和企事业单位计量标准的量传检定要求。

省（自治区、直辖市）以下的地方各级、各类计量测试技术机构，应从满足地方经济发展的客观需要出发，以工业城市为中心统一规划设置，以便就地就近组织量值传递校准，成为计量测试机构所在地区的国家法定计量检定机构。省（自治区、直辖市）、市（地、州）和县（市、区）在同一地的，一般只设一个法定计量技术机构，以免机构重叠，业务交叉扯皮。这些法定计量技术机构的主要职责是：①建立社会公用计量标准，进行量值传递校准；②承担计量技术培训和考核；③进行计量仲裁检定；④为实施计量监督提供技术保证等。

有条件和必要的乡、镇也可设立小型、精干、适应当地企业计量工作需求的社会公用计量技术机构。

（五）部门或行业计量测试技术机构

国务院和省（自治区、直辖市）各行业主管部门根据本部门的特殊需要，可以建立本部门或本行业的计量测试技术机构，负责本部门或本行业使用的计量标准并组织其量值传递。其各项最高计量标准须向有关人民政府计量部门申请考核，取得合格证后方能批准使用。其中，有些计量测试技术机构也可由政府计量行政部门授权，向外进行量值传递和对强制检定计量器具执行强制检定，以满足社会计量监督管理的需要。但根据《计量法》规定，这些被授权进行计量检定和测试工作的计量技术机构，必须接受授权单位即政府计量部门的监督。

三、计量学术与教育体系

我国计量学术与教育体系主要是由中国计量测试学会和各地计量测试学会、中国计量大学及各高等院校的相关专业院系等所组成。

（一）中国计量测试学会

1．宗旨和任务

中国计量测试学会是中国科协所属的全国性学会之一；是计量技术和计量管理工作者按专业组织起来的群众性学术团体；是计量行政部门在计量管理上的助手，也是计量管理部门与管理对象联系的桥梁。

中国计量测试学会章程规定其宗旨是：坚持以马克思列宁主义、毛泽东思想、邓小平理论、"三个代表"重要思想、科学发展观、习近平新时代中国特色社会主义思想为指导，坚持"科学、创新、发展"理念，加强计量测试科技人才建设，推动计量测试科技进步，促进计量测试事业繁荣发展，将学会建设成为党领导下的开放型、枢纽型、平台型组织，为实现中华民族伟大复兴做出积极贡献。

本团体遵守宪法、法律、法规和国家政策，践行社会主义核心价值观，弘扬爱国主义精神，遵守社会道德风尚，自觉加强诚信自律建设。

中国计量测试学会的主要任务如下：

（1）组织开展计量测试战略发展研究，为相关部门制定政策提供合理化建议。

（2）组织开展计量测试相关国内外学术交流、重点学术课题研讨以及计量测试科技考察，推动计量测试技术发展。

（3）组织开展国际计量测试相关组织间的合作与交流，接受计量行政主管部门委托，代表中国参加国际测试技术联合会（IMEKO）。

（4）接受政府有关部门委托，依法组织开展计量测试领域科技成果鉴定、科技项目论证、科技人才评价、职业能力评价等资质/资格评价工作。

（5）根据国家有关规定，做好两院院士候选人、全国优秀科技工作者等有关人才的推荐工作；开展计量测试专业技术培训、研讨、进修等专业技术教育工作。

（6）举办科技部、国家科学技术奖励工作办公室批准的"中国计量测试学会科学技术进步奖"评选、表彰活动，并积极向国家、社会有关部门和单位推荐优秀科技成果。

（7）面向科研、生产等单位，推广先进计量测试技术、测试方法和测试仪器；举办计量测试科技成果、计量测试仪器（设备）展览、展示活动。

（8）依照有关规定，编辑出版《计量学报》等刊物。

（9）组织开展计量测试科学普及活动，编辑出版计量科普图书、科普影像等资料；开展计量测试科普教育基地建设。向中国科协推荐全国科普教育基地。

（10）根据国家有关规定，开展中国计量测试学会团体标准制修订。

（11）加强企业测量管理体系建设，推动企业建立完善测量管理体系，服务企业创新发展。

（12）接受行政主管部门委托，承担计量技术法规审查、标准物质管理、注册计量师管理、计量标准考核等专业技术工作。

（13）承担政府部门交办的其他工作。

2. 组织机构

各专业委员（分）会根据工作需要并经理事会批准可设立若干个技术委员会协助专业委员会开展活动。我国各省（自治区、直辖市）及大多数市（地、州）都成立了计量学（协）会，这些地方计量学（协）会，是我国计量学术系统的重要组成部分，也是各级计量行政部门在计量管理上的有力助手。此外，中国计量测试学会还设有中国计量在线、中国计量、中国流量三个网站，国家计量技术法规审查部、技术监督行业职业资格鉴定指导中心、全国标准物质管理委员会等实体机构。

（二）中国计量大学及四川、广西等高等计量专业学校

中国计量大学是我国质量监督检验检疫行业唯一的本科院校，是一所具有鲜明的计量、标准、质量、检验、检疫特色的浙江省重点建设大学，有硕士学位授予权、工程硕士专业学位授予权、外国留学生和港澳台学生招生权。现设有几何量、热工、无线电、光学等各类计量测试和测控技术专业，机械设计制造与自动化，通信工程，计算科学与技术，电气工程及其自动化，法学，安全工程，工业工程，测试计量技术及仪器，产品质量工程，标准化工程等52个本科专业，有硕士学位授权32个、工程硕士授权领域4个。

在有关省（自治区）计量行政部门的支持下，我国先后在长春、保定、济南、南宁、峨眉山等市设立了培养计量专业人才的高、中等专业院校。如河北大学质量技术监督学院、西华大学质量技术监督学院、广西计量专科学校等；沈阳、福州、武汉、乌鲁木齐等省市技术监督部门还设立了培训中心，专门负责对企事业单位计量人员的职业教育。

此外，内蒙古工业大学、南京航空航天大学、西安理工大学等很多高等院校也设有计量测试或测量控制与仪器等计量类专业，哈尔滨科技大学等院校与计量行政部门联合开办了计量或技术监督专业自学考试，中国计量学院曾在全国各地开设计量本专科函授站。

无论是计量方面的学历教育机构，还是非学历的计量职业教育机构，都是我国计量学术教育体系的必不可少的组成部分；同时，也都是计量科研体系的重要组成部分，对逐步提高我国计量人员业务素质，培养与造就一大批计量专业人才，提高我国计量管理水平发挥着不可替代的巨大作用。

四、计量中介服务体系

随着社会主义市场经济的逐步建立和发展，各类中介服务组织也逐步建立和发展了起来，这些市场中介服务组织是市场经济运行中以公平、公开、公正为准则，为参与市场活动的供需双方提供服务的机构。

这些中介服务机构除了提供服务之外，还有沟通供需双方关系，监督供需双方各自行为以及为其提供公证等作用。因此，有助于加快生产要素的流通速度，减少流通环节，降低交易，是市场经济体制中必不可少的机构。

一般来说，市场中介服务机构是指会计师、审计师和律师事务所、公证和仲裁机构，信息咨询机构，资产和资信评估机构，证券、期货交易机构，行业协会、商会等。

目前，我国计量中介服务机构是指从事社会计量公正检测、咨询、仲裁服务的机构，如社会公正计量行（站）、计量协会、计量认证与实验室认可咨询中心、计量技术开发公司等及其他从事计量中介工作活动的组织。它们已初步构成了一个计量中介服务体系，现简要地介绍其中一些主要的计量中介服务机构。

（一）社会公正计量行（站）

随着社会主义市场经济体制的逐步建立和完善，企业、事业单位，社会团体，个人对商贸领域中的计量问题提出了计量公正、准确、便利的客观需求。

为了向贸易双方提供公平、准确的计量数据，也为了向社会各界提供公用的计量设备和计量测试服务，规范市场交易行为，保护交易各方的合法权益，广东、黑龙江等各省先后成立社会称重公正计量站，而后，又先后建立了眼镜屈光度检测公正计量站、黄金饰品称重公正计量站、蒸汽流量公正计量站，以后还要成立容量、商品房面积测量等重要商品量的社会公正计量站，形成一个规范化的公正计量检测网络。

（二）中国计量协会及其地方、行业计量（计控）分会

为了促进计量工作的科学管理，加快计量技术开发，推动计量中介服务，由计量管理部门，计量技术机构，企事业计量单位，计量器具产品生产、经营、修理与技术服务部门及广大计量工作者自愿联合组成的中国计量协会，经民政部批准成立。

其主要任务为：宣传贯彻国家计量法律法规、方针政策，宣传计量工作在经济建设、科技进步和社会发展中的地位和作用，提高全社会的计量意识；围绕计量工作，组织调研、理论研讨和经验交流活动，为政府计量管理部门提供决策参考，承担国家质检部门委托的任务；对计量器具生产企业进行指导和服务，促进计量器具产品提高质量、创建名牌；开展计量业务培训，普及计量知识，提高计量管理人员和计量技术人员的业务水平；加强计量宣传工作，推广先进经验，编辑出版有关计量工作的书刊和资料；开展与国外计量组织的交流与合作；维护会员的合法权益。

中国计量协会下设冶金、化工、机械、纺织、石油计量5个分会，水表、加油设备、能源计控、机动车计量检测技术、电能表、燃气表、热能表、智能传感器、智库委员会9个工作委员会。

中国计量协会还承担全国法制计量管理计量技术委员会秘书处工作，其工作职责如下：

第一，向国家质检部门提出综合性、通用性的国家计量技术规范及特殊领域（如机动车计量检测领域）的国家计量技术规范的制定、修订的规划和年度计划的建议。

第二，组织相关国家计量技术规范的制定、修订和宣贯工作。

第三，根据归口的专业领域内计量基、标准量值传递和溯源的需要，向国家质检部门提出本专业领域内国家计量比对年度比对计划，并组织实施。

第四，参与国际法制计量组织（OIML）有关国际建议的制定工作，参加国际学术交流活动等有关工作；跟踪研究国际建议、国际标准、国家标准等相关国际、国内技术文件，保持国家计量技术规范与上述文件的协调衔接。

第五，参与计量方针、政策的调研及咨询工作。

第六，解释本专业领域内国家计量技术规范条文和国家计量比对结果。组织对本专业领域国家计量技术规范进行复审并提出继续有效、修订或者废止的建议。

行业计量（管理）协会是在国务院有关行政部门组织起来的以本行业企事业单位计量机构和个人自愿参加的行业性协会，在政府与企事业之间起纽带作用。其主要任务是：①接受委托起草行业计量管理规范、办法等；②开展计量管理和技术的经验交流活动；③根据企业需要，开展计量咨询服务和培训教育等活动；④出版、发行计量刊物，加强计量信息交流等。

目前，化工、冶金等部门都已成立行业计量管理协会。冶金计量协会下设计量管理、技术咨询和教育培训等专业委员会，并编辑发行《冶金计量通信》；化工计量管理协会，下设组织、技术、教育咨询等委员会，并编辑、发行《化工计控报导》。它们都为行业性计量学术活动做了大量的工作，也收到了较大的效益。

地方计量分会是在地方计量行政部门支持下，由本地区各企事业单位计量机构和计量人员自愿参加的民间团体。其主要工作是：①开展计量技术与管理方面的经验交流活动；②根据需要，组织计量协作和计量技术咨询、攻关活动；③开展计量业务培训等活动。

（三）中国计量技术开发总公司

中国计量技术开发总公司创立于 1988 年，现已在北京、山东、江苏、秦皇岛、珠海、云南等地设立有 6 个分公司、1 个中外合资企业和 4 个内联企业。主要经营计量测试仪器设备及辅助设备的研制、安装、销售（展销）、维修等业务，还为国内外企业推荐先进的仪器设备，建立起贸易渠道。

该公司成立以来，已先后开发了矿山、化工、冶炼、机械加工等方面的计量技术产品，并在实际生产中得到应用与普及，为有关企业提高了产品质量和经济效益。

此外，我国一些行业与地方计量部门也组织了类似的计量技术开发公司或计量器具生产、销售公司，从事有关计量中介服务工作。

（四）计量咨询和认证认可机构中的计量体系认证中心

近几年来，有些地方计量行政部门独立或与法律部门合办开展计量法律咨询服务的事务所。

对向社会提供公正数据的技术机构的计量检定和测试的能力、可靠性和公正性所进行的考核和证明称为计量认证。

对有能力进行某项或某类试验的实验室的正式承认称为实验室认可。

随着社会主义市场经济的发展，计量认证与校准实验室认可将逐步趋于一体，我国于20世纪末成立由参与实验室认可的有关部门、团体、实验室的代表与专家组成的中国实验室国家认可委员会（简称CNAL），现在已纳入中国合格评定国家认可委员会（简称CNAS）。为了帮助有关企事业单位开展计量认证和校准实验室认可，各地先后设立了一些咨询机构，它们为我国实施计量法律，开展计量认证和实验室认可起到了重要的咨询服务方面的中介作用。

21世纪初，为加强对测量管理体系认证工作的管理，保证计量单位的统一和量值的准确可靠，推动我国企业计量工作的发展，根据《计量法》《认证认可条例》，制定《测量管理体系认证管理方法》。

测量管理体系认证是指由测量管理体系认证机构证明企业能够满足顾客、组织、法律法规等对测量过程和测量设备的质量管理要求，并符合《测量管理体系测量过程和测量设备的要求》的认证活动。

（五）计量书刊、规程的出版、发行机构

计量书刊、规程的出版、发行机构是我国重要的计量服务机构。目前主要有：

1. 中国质检出版社

原中国计量出版社成立于20世纪70年代，主要出版国家计量检定规程、国家计量技术规范、计量测试技术、计量应用技术、技术监督与管理等方面的图书和大中专教材，以及相关的科技图书和音像制品。

为了便于各地读者和企事业单位就近购买计量图书和检定规程，中国计量出版社发行部除了在北京设立计量书店、售书门市部外，还在各地计量部门设立了50多个发行网点（发行站）。

2.《中国计量》杂志及各地各行业的计量技术与管理杂志

《中国计量》是一份政策性、管理性、技术性和信息性的计量综合月刊，它以宣传《计量法》为基本宗旨，立足国内、面向基层、联系国际，宣传报道我国计量技术与管理方面的新动向、新技术、新经验和新成果，同时介绍国际上先进的计量管理新方法、新成就，从而沟通国际与国内、中央和地方、政府与企业、企业与市场、市场与消费者的联系，起到计量中介服务的作用。

此外，中国计量测试学会及各行业与地方计量部门、学会也办有各类计量类杂志（其中，个别杂志已停刊），如《计量技术》《计量测试技术文摘》《计量学报》《工业计量》《航空测试技术》《测控技术》《上海计量测试》等，它们也为计量中介服务做了大量工作。

此外，中国计量测试学会及各地计量测试学会、拥有计量相关专业的大中专院校、培训中心、情报信息机构与科研和仪表类专业机构等也是我国计量中介服务体系的重要组成部分。随着我国经济体制改革的深入发展，社会主义市场经济体制的建立和完善，计量中介服务体系也必将更加完善和规范。

第五章 计量器具及其管理

第一节 计量器具的分类与选用

计量器具是指能用以直接或间接测出被测对象量值的装置、仪器仪表、量具和用于统一量值的标准物质,包括计量基准、计量标准、工作计量器具。计量器具是国家法定计量单位和国家计量基准单位量值的物化体现,是进行量值传递、保障全国量值准确可靠的物质技术基础,是加强计量监督管理的主要对象,在计量工作中具有重要作用。"企业计量器具分类管理,极大地提高了企业计量器具管理工作的规范性。"[①]

一、计量器具的分类和特点

计量器具按其结构功能特点,可分为量具、计量仪器(仪表)、标准物质和测量系统(或装置);按其计量学用途或在统一单位量值中的作用,分为计量基准、计量标准和工作用计量器具;也可以按输出形式、测量原理和方法、特定用途、准确度等级等特性进行分类。

(一)计量器具按结构特点分类

1. 量具

量具是实物量具的简称,是使用时以固定形态复现或提供给定量的一个或多个已知量值的器具。如:砝码、(单值或多值、带或不带标尺的)量器、标准电阻、量块、标准信号发生器、参考物质等。

量具的主要特点是本身直接复现或提供了单位量值,即量具的示值就是单位量值的实际大小,如量块、线纹尺本身就复现了长度单位量值;在结构上一般没有测量机构,如砝码、标准电阻只是复现单位量值的一个实物;由于没有测量机构,在一般情况下,如不依赖其他配用的测量仪器,就不能直接测量出被测量值,如砝码要用天平,如量块要配用干

---

① 胡珊,李程. 企业计量器具的分类管理研究 [J]. 吉林广播电视大学学报,2022 (04):45.

涉仪、光学计。因此，量具往往是一种被动式测量仪器。

量具按其复现或提供的量值看，又可以分为单值量具和多值量具，单值量具如量块、标准电池、砝码等，不带标尺；多值量具如线纹尺、电阻箱等，带有标尺，多值量具也包含成套量具，如砝码组、量块组等。量具从工作方式来分，可以分为从属量具和独立量具。必须借助其他测量仪器才能进行测量的量具，称为从属量具，如砝码，只有借助天平或质量比较仪才能进行质量的测量；不必借助其他测量仪器即可进行测量的称为独立量具，如尺子、量器等。标准物质即参考物质按定义均属于测量器具中的实物量具。

2. 计量仪器（仪表）

计量仪器（仪表）是指将被测量值转换成可直接观察的示值或等效信息的计量器具。

与量具不同，计量仪器本身并不复现或提供已知量值。计量仪器的主要特性是将被测量值或经变换的等效信息与已知量值进行比较，并将比较的结果转换成示值或等效信息输出。例如计量仪器天平是将被测质量与由砝码提供的已知质量，相对于天平摆动轴形成的两个力矩（等效信息）进行比较。又如计量仪器直流电位差计是将被测电压与放大（或缩小）了若干倍的标准电池的电动势进行比较。

（1）计量仪器的分类。对于计量仪器可以从不同的角度来进行分类。当然，这种分类只是相对而言的，有些计量仪器既可以列入某一类，又可以列入另一类。从计量仪器的测量方法来看，大致可以分为以下三类：

第一，利用直接比较测量方法来直接指示出被测的量值，一般称为直读式或偏位式计量仪器，如安培计、电位差计、数字频率计等。

第二，利用零位或衡消测量方法，来指出被测的量值等于已知量值，一般称为零位式或衡消式计量仪器，例如等臂天平、指零电流计等。

第三，利用微差测量方法，来指出被测的量值与已知量值间的微小差异，一般称为微差式或补偿式计量仪器，例如比长仪的光学指示器。

从计量仪器所利用的物理现象或物理效应来看，可以分为机械式、电动式、气动式、光学式及电子式计量仪器等，或可分为热电式、光电式、压电式、电磁式及超导式计量仪器等；从计量仪器的输出终端形式来看，可以分为指示式计量仪器和记录式计量仪器，也可以分为模拟式计量仪器和数字式计量仪器；从计量仪器确定被测的量值的机制来看，可以分为累计式计量仪器和积分式计量仪器；从计量仪器与被测对象的接触方式来看，可以分为非接触式计量仪器和接触式计量仪器。

（2）计量仪器与量具的关系。严格地讲，与量具不同，计量仪器本身并不复现或提供已知量值，被测的量值是以某种方式从外部作用于仪器，然后由仪器提供示值或等效信号。使用量具时往往需要加上比较用的计量仪器，例如，使用砝码称质量时就离不开天平，使用量块计量长度时也离不开比较仪。

对于大部分计量仪器来说，例如千分尺、百分表、电流表、电压表等，它们与量具的比较过程是在仪器制造时或检定时进行的。此时，由量具提供的已知值（标准值）已经被"记忆"下来，以供测量时使用。

有些计量仪器和量具已融为一体。例如电位差计总是与标准电池连用，电阻电桥已经把标准电阻装在仪器内等。有些计量仪器，例如千分尺、游标卡尺、百分表等，由于结构简单、小巧、常用，过去习惯称为"通用量具"，但按定义它们并不是量具。

3. 计量装置

计量装置是指为确定被测量值所必需的实物量具、计量仪器和辅助设备的总体。为了进行特定的或多种的测量任务，常需要一台或若干台计量器具，人们往往把这些计量器具连同有关的辅助设备所构成的整体或系统称为计量装置或测量系统。例如电工材料的电阻率计量装置、半导体材料电导率测量系统、自动网络分析装置、医用温度计校准装置等。

辅助设备主要作用包括：①将被测的量或影响量保持在某个适当的数值上；②方便测量操作的进行；③改变计量器具的测量范围或灵敏度。放大器、读数放大镜、泵、试验电源、空气分离器、流量计量装置中的限流器、温度计检定用的恒温箱等均属辅助设备。还有在电测装置中用于扩大测量范围的辅助器件，例如分流器、分压器、附加电阻、互感器等。

计量装置的误差主要取决于计量器具，原则上它们不应再受辅助设备的影响。为此，辅助设备的准确度一般应比计量器具高一个数量级。

计量装置除了可按前述计量仪器的分类方式进行分类之外，还可以从规模、服务对象、构成方式及自动化程度等角度进行分类。

（1）按其规模分，可以是小型的或便携式的和中、大型的或固定式的。前者如便携式绝对重力装置，后者如大力值标准测力机。

（2）按其被测量的服务对象分，可以是专用的或有固定服务对象的和通用的或有广泛服务对象的。前者如导弹技术阵地的全套计量测试设备（仪器），后者如通用于电视、雷达、通信设备的多参数测量用的网络分析装置。

（3）按其构成方式分，可以是专门设计制造的，也可以是组合型的。前者的各个功能单元相互配合而构成一个整体，当各单元从装置中分离出来时就不一定再具有原来的功能特性；后者的各个功能单元往往是常规的通用计量器具，当各单元从装置中分离出来时仍具有原来的功能特性。

（4）按其自动化程度分，可以是手动的和自动的。

（二）计量器具按计量用途分类

1. 计量基准

（1）基本概念。计量基准是计量基准器具的简称，是在特定计量领域内复现和保存计量单位（或其倍数、分数）并具有最高计量特性的计量标准，是统一量值的最高依据。

国家计量基准（又称国家测量标准）是经国家批准的计量标准，在一个国家内作为对有关量的其他计量标准定值的依据。在我国，国家计量基准由国家计量行政部门负责建立。每一种国家计量基准均有一个相应的国家计量检定系统表。

国家计量基准应具有复现、保存、传递单位量值三种功能。它应包括能实现三种功能所必需的计量器具和主要配套设备。

（2）计量基准分类。计量基准的类别一般按层次等级和组合形式划分。

第一，按层次等级可分为以下四个方面。①国际基准，即国际计量基准的简称。对它必须特别爱护，只有在非常必要的情况下才可以使用。例如千克原器的使用，要经过国际计量委员会的批准。②国家基准，即国家计量基准的简称。因为全国只有一个，所以一般不轻易使用，只用于对副基准、工作基准的校准，不用于日常检测。③副基准，与国家基准比较来定值，作为复现计量单位的地位仅次于国家基准。一旦国家基准损坏时，副基准可用来代替国家基准。根据实际情况，可设置副基准，也可不设副基准。在实际中承担量值传递的作用。④工作基准，与副基准比较来定值，当不设副基准时，则直接由国家基准校准。它用以检定一等计量标准或高准确度的工作计量器具。设置工作基准的目的是防止基准、副基准由于使用频繁而丧失应有的准确度或遭受破坏。

第二，按组合形式可分为以下三个方面。①单件基准，指一个简单的量具或一台结构复杂的仪器或装置，它可以单独地复现或保存计量单位。例如，铂铱合金千克基准砝码就是一个简单的量具；而时间频率基准就是由铯束管、激励源、倍频器和伺服控制系统等组成的一台结构复杂、庞大的装置。②集合基准，指通过联合使用而起基准作用的一组相同的实物量具或计量器具，其目的在于提高计量单位复现的准确度和保存的可靠性。集合基准的量值就是集合基准中各个计量基准量值的加权平均值，例如由 20 个基准电池组成的伏特基准。③基准组，由一组不同量值的计量基准所构成。它们单个地或适当地组合下复现给定范围内的一系列量值。

2. 计量标准

计量标准是将计量基准量值传递到工作计量器具的一类计量器具，计量标准可以根据需要按不同准确度分成若干个等级，在很多情况下，各等级的计量标准不仅准确度不同，而且原理结构也是不同的。

3. 工作计量器具

工作计量器具也称为普通计量器具，用于日常的测量工作而不是用于检定或校准工作的计量器具。工作计量器具的数量巨大，占计量器具总数的绝大多数。

计量器具是属于标准的还是属于工作的，仅仅取决于使用目的，即在同一单位里，两台同样的计量器具由于用途的不同，一台作为计量标准器具使用，另一台作为工作计量器具使用。但从计量管理的角度看，有着严格的规定，在现实生活中，尽管有的工作计量器具其准确度超过某些计量标准，按规定也不得用作检定其他计量器具的标准，只能用作测量。为了保证测量结果的准确可靠，工作计量器具通常要定期或及时地进行检定或校准。

二、计量器具的主要特性

计量器具除具有一般工业产品的性质外，还具有计量学的特性。计量器具的特性是指它的准确度等级、灵敏度、鉴别率（分辨率）、稳定度、超然性以及动态特性等。为了获得准确的计量结果，计量器具的计量特性必须满足一定的准确度要求。

（一）计量器具的静态特性

1. 计量器具的准确度和误差

计量器具的示值是指计量器具所给出的量的值。示值可以是被测量、测量信号或用于计算被测量之值的其他量的值。对实物量具，示值就是它所标出的值。示值随着被测量而变化。

"计量器具的准确与否是决定测量结果准确度和可靠性的重要基础。"[1] 计量器具的准确度指计量器具给出接近于被计量真值的示值的能力。在实际应用中，常以测量不确定度、准确度等级或最大允许误差来定量表示。

计量器具的示值误差等于计量器具的示值与对应输入量的真值之差。其系统误差分量为计量器具的偏差误差，其随机误差分量称为计量器具的重复性误差。计量仪器的重复性，是指在相同条件下，重复测量同一个被测量，计量器具提供相近示值的能力。

计量器具的误差极限或最大允许误差指技术规范、规程等对给定计量器具所允许的误差极限值，一般随被测量的量值而变化，有时用允许误差带表示。

2. 计量器具的稳定性和超然性

稳定性指计量器具保持其计量特性恒定的能力。通常稳定性是对时间而言的，当对其

---

① 张越. 计量器具溯源周期的确定方法［J］. 工业计量，2022，32（05）：4.

他量考虑稳定性时，则应予以说明。计量器具的计量特性随时间的变化，叫作漂移。例如，线性计量仪器静态响应特性的漂移，表现为零点随时间的慢变化，称为仪器的零漂；表现为斜率随时间的慢变化，称为灵敏度漂移。

超然性指计量器具不影响被计量值的能力。例如，当计量对象是有源量时，计量仪器总要由对象取一些能量，从而或多或少会影响到被计量的量值。为了提高仪器的超然性，应当使仪器对被测对象的负载效应减到最小。

（二）计量器具的动态特性

通常使用的计量仪器或计量链（指计量仪器或计量装置中的一系列单元，它们构成计量信号从输入到输出的通道）是零阶、一阶或二阶的。它们的微分方程、幅值特性、相频特性以及时间域的瞬态响应特性及其参数等，在数学分析上都是已知的。

计量器具的动态特性常用稳态响应特性和瞬态响应特性来确定。

稳态响应是对计量仪器施加频率为 w 的正弦激励，确定其响应与激励的幅值比（幅频特性曲线）和相位差（相频特性曲线）。保持激励的振幅不变而不断改变，便可获得幅值比和相位差随 w 而变化的曲线，从而获得幅频特性、相频特性和频率响应。这种方法适用于纯粹是电气系统的计量仪器，因对于机电或其他形式的计量仪器，要获得正弦激励一般较难。

瞬态响应是在突然瞬变的非周期（如阶跃、脉冲、斜坡）激励作用下的响应特性，激励受到制定跃变时的瞬时，与响应达到并保持其规定最终稳定值的瞬时，两者之间的时间间隔称为计量仪器的响应时间。由于响应落后于变化着的激励而产生的误差，称为计量仪器的跟踪误差。

对于动态计量来说，总是要求计量仪器具有相对好的频率响应、短的响应时间以及小的跟踪误差。

三、计量器具的组成和选用

（一）计量器具的组成

计量器具并没有很固定的构成模式，但是典型的计量器具从总体构成来说，一般可以分为：①输入部分（包括传感器、检测器或计量变换器），它把被计量的信息转变成便于下一步处理的信号；②中间变换部分（也称二次变换部分），它把输入部分出来的信号进行放大、滤波、调制解调、运算、分析或其他二次变换，使之适合于输出的需要；③输出部分（也称终端变换部分，包括指示装置和记录装置），它将被计量的等效信息提供给观察者或计算机，也可以是指示器或记录仪等。

1. 计量器具的输入部分

（1）传感器和计量变换器。传感器是计量仪器或计量链中直接作用于被计量的元件。有些被计量不能直接计量或直接计量时准确度不高，比如温度、流量、加速度等量，直接同它们的标准量进行比较是相当困难的，因此需要传感器变换成易于处理、易于与标准量比较的物理量，如位移、频率、电流、电阻、电压等量。

计量变换器是提供与输入量有给定关系的输出量的计量器件。在计量变换器中，与被计量量直接作用的部分是它的传感部分或敏感部分。但有时传感部分与变换部分构成一个不可分的整体，例如热电偶。所以，计量变换器可以只是传感器，也可以包括它们的附属计量线路。

（2）主要的传感器。常用的并有发展前途的传感器如下：

第一，电阻式传感器。把被计量的量的变化变换为电阻变化的传感器。它包括变阻式（或滑线电阻式）和电阻应变式两类，后者根据应变计结构的不同又可分为丝式、箔式和薄膜式三类。

第二，电感式传感器。把被计量的量的变化变换为自感或互感变化的传感器。它包括可变磁阻式、涡流式和差动变压器式三类。

第三，电容式传感器。把被计量的量的变化变换为电容变化的传感器。它包括极距变化型、面积变化型和介质变化型三类。

第四，压电式传感器。利用一些晶体材料的压电效应，把力或压力的变化变换为电荷量变化的传感器。压电晶体不但有纵向和横向的压电效应，而且还有剪切的压电效应，因而可做成不同支撑形式和受力状态的传感器，在力、加速度、超声及声呐等计量中得到了广泛的应用。

第五，压磁式传感器。利用一些铁磁材料的压磁效应，把力或压力的变化变换为导磁率变化的传感器。利用其逆效应，可以做成磁滞伸缩式传感器。

第六，压阻式传感器。利用半导体材料的压阻效应，把压力的变化变换为电阻变化的传感器。它可分为薄膜型、结型和体型三类。

第七，光电式传感器。利用光电效应把光通量的变化变换为电量变化的传感器。可利用的光电效应包括光电子发射效应（光电管、光电倍增管等）、光导效应（光敏电阻、光导管）和光生伏打效应（光电池、光敏晶体管）。

第八，振弦式传感器。利用振弦的固有频率与张力之间的函数关系，把力的变化变换为频率变化的传感器。激振方法可分为连续激发和间歇激发两类。

第九，霍尔传感器。利用一些半导体材料的霍尔效应，将被计量的量的变化变换为霍尔电势变化的传感器。利用霍尔元件的磁阻效应可以做成磁阻式传感器。霍尔元件结构简单、体积小、噪声小、频带宽、动态范围大，有较广泛的应用前景。

第十，陀螺传感器。利用陀螺进动定理将被计量的量的变化变换为电量变化的传感器，例如陀螺式称重传感器、角速度微分陀螺仪和积分陀螺仪等。

第十一，热电式传感器。利用热电效应将温度的变化变换为电势变化的传感器。各种热电偶就是广泛应用的热电式传感器。

第十二，磁电式传感器。利用电磁感应定律将转速的变化变换为感应电动势或其频率变化的传感器。它可分为可动线圈式和可动衔接式两类。

第十三，电离辐射式传感器。利用电离辐射的穿透能力，使气体电离并具有热效应和光电效应，把被计量的量（例如厚度）的变化变换为电量变化的传感器，例如射线测厚仪。

第十四，约瑟夫森效应传感器。利用超导体的约瑟夫森效应，把磁通量变换为周期变化的阻抗，或把频率变换为电压的传感器。它包括约瑟夫森结和计量灵敏度极高的超导量子干涉器件（SQUID），在监视电动势基准、直流电计量、辐射计量、磁学计量、低温计量、重力计量、光频计量中有着广泛的应用。

第十五，光纤传感器。利用光在光纤中传播时其振幅（光强）、相位、偏振态、模式等随被计量值变化而变化的性质而制成的传感器。它可分为功能型和非功能型，前者光纤既是敏感元器件又是传光元器件，后者则仅起传光作用。它也可分为干涉型和非干涉型，前者结构复杂，其灵敏度、分辨率、线性均较后者好。用它们可以计量压力、温度、流速、转速、加速度、位移、电流、磁场、辐射等多种参量。

（3）主要的计量变换器。主要的计量变换器有热电偶、电流互感器、电动（气动）变换器、计量电桥等。计量电桥的应用极为广泛，它的功能是把来自传感器的电阻、电容、电感等量的变化，变换成电流或电压的变化。

按照激励电压（辅助能源）的性质，计量电桥可以分为直流电桥和交流电桥两种。直流电桥的优点是容易获得高稳定直流电源，电桥的平衡电路比较简单，对传感器与计量仪器中间变换部分的连接导线要求较低；缺点是在计量过程中前级引进的低频干扰和后接直流放大器的漂移都较难去除，这就要求助于交流电桥。

按桥臂的性质，计量电桥又可分为阻抗比率臂电桥和变压器比率臂电桥两种，目前广泛使用的是前者。由于后者的准确度、灵敏度及稳定度较高，且频率范围较宽，发展也很快。

2. 计量器具的中间变换部分

中间变换部分的作用是对来自输入部分的信号进行中间变换，它包含处理信号的信号变换器件和传输信号的信号传输器件（或传输线）。其中，信号变换器件可以由滤波器、衰减器、放大器、移相器、运算分析器、调制解调器以及模/数、数/模转换器等组成。

3. 计量器具的输出部分

输出部分可分为显示器和记录器两种形式。

（1）显示器的显示可以是模拟的或数字的，既可以对单个量值进行显示，也可以对多个量值进行显示。例如模拟式电压表、压力表、千分尺、数字式频率计、数字式电压表等。如温度指示仪器也可以单点或多点进行测温。模拟式指示仪器大多可以连续读取示值，但有时也可以是非连续的，如带有 0℃ 示值标尺的测量范围为 25~50℃，最小分度值为 0.05℃ 的一等标准水银温度计，其示值就是不连续的。有的指示装置也可以有半数字的，即主要以数字显示，而其最小示值为了提高其读数准确度又采用模拟式指示，如单相电能表。

（2）记录器是计量器具输出部分中记录被计量的量值或有关值的一套组件，例如无纸记录仪、笔式记录仪、记忆示波器、打印记录器、静电记录器、照相/摄像记录器、磁性记录器等。它们可以记录字符、表格、图像、音响等。

（二）计量器具的选用

1. 计量特性的选择

在考虑和选择计量器具特性的指标时，既要够用，又不过高。

在选择计量器具的测量范围时，应使其上限与被测的量值相差不大而又能覆盖全部量值。在选择鉴别力时，过低会影响测量准确度，过高又难于平衡。

在选择动态响应时间时，应使计量器具的示值能正确反映被测对象的瞬时值，使跟踪误差满足要求。

在正常使用条件下，计量器具的稳定性很重要，它表征计量器具的计量特性随时间长期不变的能力。一般来说，人们都要求计量器具具有高的可靠性；在极重要的情况下，比如核反应堆、空间飞行器中，为了保证万无一失，有时还要选备两套相同的计量器具。

2. 计量器具的使用条件

在选择计量器具时，应考虑该器具的正常使用条件：考虑到计量器具的设计、结构和用途，为正确使用而必须满足的条件。这些条件尤其与被测对象的类型和条件、被测量的值、影响量的值，以及观测示值的条件有关。如果在计量器具上，或者在其使用方法中指出这些条件，则可称它们为额定使用条件或额定操作条件。这些条件给出了被计量值的范围、影响量的范围以及其他重要要求，以使计量器具的计量特性处于规定的极限之内。一般规定被测量值的额定值和影响量的额定值。

影响量是不属于被测对象，但却影响被测量值或计量器具示值的量。计量器具计量特性的变化，与一个影响量或一组影响量变化之间的依赖关系，称为影响函数。在正常使用条件下，与影响量的给定值相应的特定值，以及与影响量的标准值（参考值）相应的比特性值，这两者之间的差，称为由影响量变化引起的特性值的变化。这个差值可正可负，但不应超出允许值。

计量器具的极限条件，是该器具的规定计量特性没有损失和降低，其后仍可在额定使用条件下运行而能承受的极端条件。一般规定被测量值的极限值和影响量的极限值。储存、运输和运行的极限条件可以各不相同。

计量器具的参考条件或标准条件，是为了对该器具做性能试验或为测量结果能相互比较而规定的使用条件。一般规定影响量的标准值或标准范围。

3. 计量器具的经济性

计量器具的经济性是指该器具的成本，它包括基本成本、安装成本及维护成本。基本成本一般是指设计制造成本和运行成本。对于连续生产过程中使用的计量器具，安装成本中还应包括安装时生产过程的停顿损失费（停机费）。有人认为，首次检定费应计入安装成本，周期检定费应计入维护成本。这就意味着，应考虑和选择易于安装、容易维修、互换性好、校准简单的计量器具。

计量器具准确度的提高，通常伴随着成本的上升。如果提出过高的要求，采用超越测量目的的高性能计量器具，而又不能充分利用所得的数据，那将是很不经济，也是毫无必要的。

此外，从经济上来说，应选用误差分配合理的计量器具来组成计量装置。

第二节 计量器具的监督管理

一、计量器具新产品的监督管理

计量器具新产品是指本单位从未生产过的计量器具，或在全国范围内从未试制生产过的包括对原有产品的结构、材质等方面做了重大改进，导致性能、技术特性发生变更的计量器具。

(一) 计量器具新产品的型式评价和型式批准

1. 计量器具新产品的型式批准申请

制造计量器具新产品的企业、事业单位在研制、开发或试制成功计量器具新产品后，应具备下列条件，然后向所在地的省级人民政府计量行政部门提出型式批准申请。

（1）具有独立法人地位的证明（如营业执照）。

（2）具有计量器具新产品设计任务书，技术图样、标准和检定规程、测试报告、试制总结及产品使用说明书等技术文件资料。

（3）已研制成 3 台以上样机（大型计量设备可研制 1~2 台）。

（4）具备与计量器具新产品相适应的生产设备、技术人员和检验条件。

申请计量器具新产品型式批准的单位在递交"计量器具新产品型式评价和型式批准申请书"的同时，应递交有关技术文件资料。

2. 计量器具新产品的受理初审

接受申请的省级人民政府计量行政部门，自接到申请书之日起在 5 个工作日内对申请资料进行初审，初审通过后，依照《计量器具新产品管理办法》的规定，委托有关技术机构进行型式评价，并通知申请单位。

3. 计量器具新产品的型式评价

型式评价一般应在接到样机和有关技术文件资料 3 个月内依据《计量器具型式评价通用规范》完成。型式评价应拟定型式评价大纲。

型式评价大纲应依据《计量器具型式评价大纲编写导则》编写。其一般构成和编写顺序包括：①范围；②引用文件；③术语；④概述；⑤法制管理要求；⑥计量要求；⑦通用技术要求；⑧型式评价项目表；⑨提供样机的数量及样机的使用方式；⑩试验项目的试验方法和条件以及数据处理和合格判据；⑪试验项目所用计量器具表。

型式评价必须按型式评价大纲或国家计量检定规程中规定的型式评价要求进行。要全面分析申请单位提交的技术资料。重点要审查计量器具新产品的设计原理、结构、选材以及各项技术指标的科学性、先进性和实用性，并保证型式评价结果公正可靠。

如样机运送有困难，也可到生产或使用现场进行型式评价试验。

4. 计量器具新产品的提交报告

型式评价后，评价单位应向委托的政府计量行政部门提交文件包括：①型式评价大纲；②型式评价报告；③计量器具型式注册表等。

如果型式评价过程中发现计量器具存在问题，由承担型式评价的机构通知申请单位，可在 3 个月内进行一次改进；改进后，再重新进行型式评价。

5. 计量器具新产品的型式批准

计量器具新产品型式评价合格后，由省级以上政府计量行政部门进行型式审查。审查应在接到型式评价报告之日起 10 个工作日内完成，根据型式评价结果和计量法制管理的要求，对计量器具新产品的型式进行审查。审查的主要内容包括：①是否属于国家禁止使用的计量器具；②是否符合我国法定计量单位、检定系统以及其他计量管理规定。

经审查合格的向申请单位颁发型式批准证书；否则，发给型式不批准通知书。必要时，还可安排对申请单位现场检查，即依据《测量仪器可靠性分析》进行可靠性评定。须申请全国通用型式的，由省级政府计量行政部门把审批文件和技术资料报国务院计量行政部门，经审核同意后，颁发全国通用型式证书并予公布。

6. 计量器具新产品的型式批准的监督管理

任何单位制造已取得型式批准的计量器具，不得擅自改变原批准的型式。对原有产品在机构、材质等方面做了重大改进导致性能、技术特征发生变更的，必须重新申请办理型式批准。

承担型式评论的技术机构，对申请单位提供的样机和技术文件、资料必须保密。违反规定的，应当按照国家有关规定，赔偿申请单位的损失，并给予直接负责人员行政处分；构成犯罪的，依法追究刑事责任。

申请单位对型式批准结果有异议的，可申请行政复议或提出行政诉讼。制造、销售未经型式批准的计量器具新产品的，由计量行政部门按有关法律法规的有关规定予以行政处罚。

一旦计量器具不符合国家法制计量管理要求，计量器具的技术水平落后，型式批准部门可以废除原批准的型式。

全国通用型式一经废除，任何单位不得再行制造。

（二）积极推行国际法制计量组织（OIML）合格证书制度

"国际规程"（法文缩写 RI）是国际法制计量组织（OIML）协调和指导各成员国开展法制计量工作的主要技术法规之一，其中多数又是相应计量器具的国际检定规程，但是依据国际法制计量局（BIML）公布的目录，现在办理 OIML 证书的计量器具种类、国家及应采用的"国际规程"还仅仅是一部分。

第一，凡已获得我国计量器具型式批准证书的计量器具生产单位，可直接向秘书处申请发证，经秘书处审查，确认符合有关国际规程要求者，由原型式评价和批准机构按 OIML 规定的格式填写试验报告，交秘书处审核发证；对须补充试验者，在选定已授权的定型鉴定技术机构补做试验，并按 OIML 的规定要求出具试验报告，交秘书处审核发证。

第二，凡没有办理计量器具型式批准手续的老计量器具产品生产单位，可直接向秘书处提出申请，由秘书处指定授权技术机构按有关国际规程要求进行试验，并向秘书处提交试验报告。经审核确认符合要求后发给 OIML 证书，不符合要求者则书面通知申请者，并说明不合格原因。

第三，对上表中所列计量器具种类内的新产品，如要求得到 OIML 证书者，可按《计量器具新产品管理办法》规定，在向省级计量行政部门申请定型鉴定的同时，申请 OIML 证书，接受申请的省级计量行政部门，应委托由秘书处指定的授权计量技术机构进行试验，并提交试验报告，经审查确认符合要求者，可发给 OIML 证书。

二、计量器具使用中的监督管理

计量器具，尤其是工作计量器具量大面广，它们的管理也要有重点、有区别，不能一视同仁。

（一）强制检定工作计量器具的管理

用于贸易结算的计量器具如各种衡器，直接关系到国家和群众的经济利益。而对于医疗卫生和安全防护用的计量器具，关系人民的健康和生命财产的安全。因此，用于贸易结算、安全防护、医疗卫生、环境监测方面的工作计量器具，由县级以上人民政府计量行政部门实行强制检定。强制检定的具体工作计量器具种类名称由国务院发布的《中华人民共和国强制检定的工作计量器具目录》和国家计量行政部门发布的《强制检定的工作计量器具明细目录》规定。

1. 计量器具的强制检定

国务院发布的《中华人民共和国强制检定的工作计量器具检定管理办法》明确规定：强制检定是指由县级以上人民政府计量行政部门所属或者授权的计量检定机构，对用于贸易结算、安全防护、医疗医生、环境监测方面，并列入《中华人民共和国强制检定的工作计量器具目录》的计量器具实行定点定期检定。

强制检定的含义是：①强制检定的工作计量器具种类和名称由国家法规规定，检定周期与检定规程由政府计量部门根据其实际使用情况规定，使用单位必须按周期申请检定；②政府计量行政部门对强制检定的工作计量器具直接按周期实行检定，或授权于某单位代表政府计量部门严格进行强制检定，任何使用单位或个人均不能拒检，拒检就是违法；③强制检定工作计量器具应固定检定单位并定期定点送检。

2. 强制检定的程序

依据国务院发布的《中华人民共和国强制检定的工作计量器具检定管理办法》，规定如下：

（1）使用强制检定的工作计量器具的单位和个人，必须按规定向当地政府计量行政部门呈报《强制检定的工作计量器具登记册》，并申请周期检定。当地不能检定的，向上一级政府计量行政部门指定的计量检定机构申请周期检定，未申请检定或经检定不合格的，任何单位或者个人不得使用。

（2）政府计量行政部门要根据计量检定规程，结合计量器具的实际使用情况，确定强制检定的周期。安排所属的或授权的计量技术机构按时实行定点周期检定，对无须进行周期检定的执行使用前的一次性检定，即首次检定。

（3）执行强制检定的计量技术机构，对检定合格的计量器具发给国家统一规定的检定证书，或在计量器具上标以检定合格印或发给检定合格证。对检定不合格的，则发给检定结果通知书或注销原检定合格印。

（4）县级以上政府计量行政部门，按照有利于管理、方便生产和工作的原则，可结合本辖区实际情况，授权有关单位执行强制检定任务。但被授权执行强制检定的机构其相应的计量标准必须接受国家计量基准或社会公用计量标准的检定。授权单位要对其强制检定的质量认真进行监督。如被授权单位成为计量纠纷中当事人一方时，由政府计量行政部门进行仲裁。

（5）未按规定申请强制检定或检定不合格、超过检定周期继续使用的，责令停止使用，并可处以罚款。

（二）非强制检定的工作计量器具的管理

未列入强制检定工作计量器具目录的为非强制检定的工作计量器具，一般是用于生产和科研的工作计量器具。

它们由使用单位依据《计量法》自行定期检定校准，或送到有关单位溯源检定。换言之，在符合《计量法》各项规定的前提下，允许使用非强制检定的工作计量器具的企业、事业单位，根据这些计量器具的实际使用情况，建立计量器具的管理制度，自行定期检定/校准。

任何测量仪器，由于材料的不稳定、元器件的老化、使用中的磨损、使用或保存环境的变化、搬动或运输等原因，都可能引起计量性能的变化，这就需要期间核查以核定变化量的大小，以避免计量的不准确。

期间核查是计量器具日常管理中的一项重要技术工作，它是指为保持测量仪器校准状态的可信度，而对测量仪器示值（或其修正值或修正因子）在规定的时间间隔内是否保持其在规定的最大允许误差或扩展不确定度或准确度等级内的一种核查。实质上是核查系统效应对测量仪器示值的影响是否有大的变化，其目的与方法同《计量标准考核规定》中所述的稳定性考核是相似的。只要可能，计量技术机构应对其所用的每项计量仪器进行期间核查，并保留相关记录；但针对不同的测量仪器，其核查方法、频度是可以不同的。

期间核查的常用方法是由被核查的对象适时地测量一个核查标准，记录核查数据，必要时画出核查曲线图，以便及时检查测量数据的变化情况，以证明其所处的状态满足规定的要求，或与期望的状态有所偏离，而需要采取纠正措施或预防措施。

因此，每个企事业单位对非强制检定工作计量器具也要认真建立计量器具登记卡，做好入库检定、发放检定、周期检定、返回检定和巡回检定工作，正确使用和正常维护保养，建立健全并落实各项计量器具的管理和使用制度，以确保工作计量器具在检定/校准周期内准确合格，合格率达到100%。

（三）计量器具仲裁检定和计量调解

在经济活动和社会生活中，常常因计量器具的准确度问题而引起纠纷。这种对计量器具准确度的争执以及因计量器具准确度所引起的纠纷称为计量纠纷。为了对各种计量纠纷进行合理的仲裁检定与调解，国家计量行政部门发布了《仲裁检定和计量调解管理办法》，对计量器具的仲裁检定和计量调解做出了一些具体规定。

1. 仲裁检定

仲裁检定是指用计量基准或社会公用计量标准所进行的以裁决为目的的计量检定、测试活动。这就是仲裁计量纠纷或判决有关计量纠纷方面的案件，以国家计量基准或社会公用计量标准检定、测试的数据为仲裁的依据，这个检定和测试活动过程统称为计量仲裁检定。

计量仲裁检定由县级以上政府计量行政部门，根据计量纠纷双方的当事者一方的申请，或者受调解、仲裁机关、人民法院的委托，指定法定计量检定机构进行。

法定计量检定机构由县级以上政府计量行政部门根据需要设置，一般在政府计量行政部门直接领导的、建有社会公用计量标准、具有第三方公正立场的计量测试技术所内设置计量仲裁机构或计量仲裁管理干部，专门受理计量纠纷的仲裁检定事项。

申请仲裁检定应向所在地县、市政府计量行政部门递交仲裁检定申请书。

仲裁检定申请书应写明的内容包括：①申请仲裁检定与被申请仲裁检定单位的名称、地址及其法定代表人的姓名、职务；②申请仲裁检定的理由和要求；③有关证明材料和实物。

接受仲裁检定的政府计量行政部门应在接受申请书后7日内向被申请仲裁检定一方发出仲裁检定申请书副本，同时对纠纷有关的计量器具实行保全措施，在计量仲裁检定过程中对引起计量纠纷的计量器具，纠纷双方均不得改变其技术状态，并确定仲裁检定的时间、地点。

进行仲裁检定应通知当事人双方在场，经两次通知无正当理由拒不到场的，可进行缺席仲裁检定。

仲裁检定后，法定计量检定机构应对仲裁检定的结果出具仲裁检定证书。经当事人双方和仲裁检定人员签字并加盖仲裁检定机构印章后报有关政府计量行政部门。政府计量行政部门根据仲裁检定的结果进行裁决，制作仲裁检定裁决书，双方签字并加盖仲裁检定机关印章后生效。

计量仲裁检定，实行两级仲裁制，对一级仲裁检定的数据不服后，可向上一级政府计量行政部门申请二级计量仲裁检定，但是二级仲裁检定为终局仲裁检定。如对计量仲裁检定不服的，当事人有权向人民法院起诉。政府计量行政部门也可根据《计量法》对纠纷双方中违法者进行行政处罚。

2. 计量调解

计量调解是指在县级以上人民政府计量行政部门主持下就双方当事人对计量纠纷进行的调解。

申请人（计量调解的当事人）应向所在地的县、市人民政府计量行政部门递交计量调解申请书。计量调解申请书应写明的事项包括：①申请调解与被申请调解单位的名称、地址及其法定代表人的姓名、职务；②申请调解的理由与要求；③有关证明材料或实物。

接受计量调解申请的政府计量行政部门，应在接受申请后 7 日内向被申请调解的单位发出计量调解申请书副本，并确定调解的时间、地点。

调解要求在查明事实、分清责任的基础上进行，促使当事人互相谅解自愿达成协议，签署调解书。调解书的内容包括：①当事人双方的名称、地址及其法定代表人的姓名、职务；②纠纷的主要事实、责任；③协议内容与调解费用的承担。

调解书由当事人双方法定代表人和调解人共同签字，并加盖调解机关的印章后生效。当事人双方都应自动履行调解书上达成的协议内容。

如调解未达成协议或调解书签署后一方或双方反悔的可向所在地政府计量行政部门申请仲裁检定。

在全国范围内有重大影响或争议、金额在 100 万元以上的当事人，可直接向省级以上政府计量行政部门申请计量调解和仲裁检定。简单的计量纠纷也可简化上述程序，执行简易的计量调解或仲裁检定。

无论何种计量检定，都应由政府计量行政部门依据《全国计量检定人员考核规则》考核合格的计量检定人员执行。

计量检定员应认真遵守《计量检定人员管理办法》中各有关规定，认真进行各种计量检定工作，提供准确可靠的检定数据。否则，要按有关计量法律、法规给予行政处分，构成犯罪的依法追究刑事责任。

三、进口计量器具的监督管理

(一) 进口计量器具的型式批准

凡进口或外商在中国境内销售列入《中华人民共和国进口计量器具型式审查目录》内的计量器具的，应向国务院计量行政部门申请办理型式批准，向国务院计量行政部门递交型式批准申请书、计量器具样机照片和必要的技术资料。

1. 进口计量器具的法制审查

国务院计量行政部门对型式批准的申请资料在 15 日内完成计量法制审查。审查的主要内容包括：①是否采用我国法定计量单位；②是否属于国务院明令禁止使用的计量器具；③是否符合我国计量法律、法规的其他要求。

2. 进口计量器具的型式评价

计量法制审查合格后，国务院计量行政部门确定型式评价样机的规格和数量，委托技术机构进行型式评价，型式评价按国务院计量行政部门发布的《计量器具型式评价大纲编写导则》要求进行。

外商或其代理人应在商定时间内向技术机构提供试验样机和相关技术文件资料：①计量器具的技术说明书；②计量器具的总装图、结构图和电路图；③技术标准文件和检验方法；④样机测试报告；⑤使用说明书；⑥安全保证说明；⑦检定和铅封的标志位置说明。

型式评价的主要内容包括：①外观检查；②计量性能考核以及安全性；③环境适应性、可靠性或寿命试验等项目。

型式评价一般应在收到样机后 3 个月内完成，如有特殊情况须延长时间的，应报国家计量行政部门批准。

型式评价试验完成后，应呈报《型式评价结果通知书》《计量器具型式评价注册表》等给国家计量行政部门审核。

3. 进口计量器具的型式批准

型式评价审核合格的，由国务院计量行政部门向申请人颁发《中华人民共和国进口器具型式批准证书》，准予在相应的计量器具和包装上使用中华人民共和国进口计量器具型式批准的 CPA 标志和编号，并在有关刊物上予以公布。否则，就把书面意见通知申请人，如有这些情况之一的，则可申请办理临时型式批准：①确属急需的；②销售量极少的；③国内暂无定型鉴定能力的；④展览会留购的；⑤其他特殊需要的。

除上述第④项可向当地省级政府计量行政部门或其委托的地方政府计量行政部门申请

办理临时型式批准之外，其余各项均应向国务院计量部门或其委托的地方政府计量行政部门办理临时型式批准。

经计量法制审查合格（必要时也可安排技术机构进行检定）后，颁发《中华人民共和国进口计量器具临时型式批准证书》，注明批准的数量和有限期限。

（二）进口计量器具的审批

申请进口计量器具，按国家关于进口商品的规定程序进行审批。负责审批的有关主管部门和归口审查部门，应对申请进口《中华人民共和国依法管理的计量器具目录》内的计量器具进行法定计量单位的审查，对申请进口《进口计量器具型式审查目录》内规定的计量器具审查是否经过型式批准。经审查不合规定的，审批部门不得批准进口，外贸经营单位不得办理订货手续。

海关对进口计量器具凭审批部门的批件验放。确因特殊需要，申请进口非法定计量单位的计量器具和国务院禁止使用的其他计量器具，须经国务院计量行政部门批准，并提交相关文件资料：①说明特殊需要理由的申请报告；②计量器具的性能和技术指标；③计量器具的照片和使用说明书；④本单位上级主管部门的批件。

第三节　计量器具的许可制度管理

一、计量器具许可证制度

我国《计量法》规定，对制造计量器具实行许可证制度。实质上，计量器具许可证制度是由政府计量行政部门对制造计量器具的企业是否具有制造计量器具的能力与资格进行的一种认证和认可，是一种法制性监督管理，具有法制性、权威性和强制性。对制造计量器具实行许可证管理是针对计量器具这种特殊产品所采取的一种特殊的法律制约手段。

（一）计量器具许可证制度在国民经济和社会生活中的作用

计量是国民经济建设的重要基础，计量器具、测量设备在国民经济和社会生活各个领域中广泛应用。在生产领域，从原材料进厂开始，一直到产品设计开发，生产过程控制，产品检验乃至燃料、能源的消耗，成本核算等都要使用计量器具进行测量。在流通领域，准确可靠的计量器具是实现公平贸易的重要基础，如果计量器具失准，会引起经济秩序混乱，给国家、经营者、消费者造成经济损失。在科技工作中，进行设计、试制、开发，需要使用大量且种类繁多的精密计量器具才能保证科研数据准确、验证设计方案。在国防工作中，使用计量器具进行准确可靠的测量，对于确保武器装备的质量，提高我国国防能力和水平作用重大。

在现代医疗工作中，计量器具的诊断和治疗作用十分突出。越来越多的疾病需要采用先进的计量器具进行诊断和治疗，如果计量器具失准，出现了错误数据，就会造成误诊，引发严重的后果。计量器具是国民经济和社会生活的重要技术手段，古今中外，计量器具无不由政府实施法制监督管理。计量器具管理是计量立法的重要内容，是保证计量单位统一、量值准确可靠的基础。计量器具是特殊产品，其质量的优劣直接影响和制约其他行业的质量水平。

（二） 计量器具许可证制度的法律依据

《计量法》规定，制造、修理计量器具的企业、事业单位，必须具备与所制造、修理的计量器具相适应的设施、人员和检定仪器设备，经县级以上人民政府计量行政部门考核合格，取得《制造计量器具许可证》或者《修理计量器具许可证》。这是对制造计量器具的企事业单位所应具备的条件和必须履行的法律手续的规定，也是我国对计量器具制造、修理管理工作实施许可证制度的法律依据。

（三） 计量器具许可证的适用对象

《制造、修理计量器具许可监督管理办法》第二条规定：在中华人民共和国境内，以销售为目的制造计量器具，以经营为目的修理计量器具，以及实施监督管理，应当遵守本办法。

1. 实行计量器具许可证制度的范围

《计量法》实施以来，国内计量器具办理型式批准、计量器具许可证和进口计量器具的检定按原《中华人民共和国依法管理的计量器具目录》进行，进口计量器具办理型式批准按原《中华人民共和国进口计量器具型式审查目录》进行。计量行政部门依法按照上述目录实施计量监督管理，在保证进入市场的计量器具先进性和实用性方面发挥了积极作用。

目前我国已加入世界贸易组织（WTO），对计量器具产品的管理既要符合中国国情，同时也要符合 WTO/TBT 协议的要求；我国是国际法制计量组织（OIML）的成员国，还要积极采纳 OIML 国际建议。因此，有必要尽快对原有目录进行调整，制定新目录，解决存在的问题，以推进计量管理体制改革，适应市场经济发展的需要。

2.《计量器具新产品管理办法》

21 世纪初，经国家市场监督管理总局局务会议审议通过并正式公布了新的《计量器具新产品管理办法》（以下简称"新办法"）。原国家计量局公布的《计量器具新产品管理办法》同时废止。新办法取消了样机试验，统一改为对计量器具实施型式批准管理方式，有利于提高计量器具产品质量。

原《计量器具新产品管理办法》自实施以来，对规范我国计量器具新产品的生产、型式批准和监督管理发挥了积极作用，但原办法规定对申请单位采用型式批准和样机试验两种不同的管理方式，不适应当前市场经济对计量器具新产品采取统一管理的需求。

新办法在内容上有了明显改进，将计量器具新产品定型统一为型式批准，将定型鉴定和样机试验统一为型式评价；缩短了受理申请型式批准的时限，由 15 个工作日改为 5 个工作日；对申请单位应提交的技术文件的项目进行了修改；明确了承担型式评价的技术机构应具备的资格要求；明确规定申请单位对型式批准结果有异议的可申请行政复议或提出行政诉讼；对企业随意变更已经批准的计量器具型式的，要依据计量法律法规严肃查处。

3.《中华人民共和国依法管理的计量器具目录（型式批准部分）》

21 世纪初，国家市场监督管理总局公布了《中华人民共和国依法管理的计量器具目录（型式批准部分）》（以下简称"新目录"）。新目录适用于国内计量器具型式批准、计量器具许可证和进口计量器具检定。未列入新目录的计量器具，不再办理计量器具许可证、型式批准和进口计量器具检定。列入新目录的计量器具共 75 项，数量约为原来的 1/3。新目录呈现以下特点：

（1）明确了适用范围。凡列入新目录的项目要办理计量器具许可证、型式批准和进口计量器具检定。实施强制检定的工作计量器具目录按现有规定执行。专用计量器具目录由国务院有关部门计量机构拟定，报国家市场监督管理总局审核后另行公布。医用超声源、医用激光源、医用辐射源的管理按《关于明确医用超声、激光和辐射源监督管理范围的通知》执行，自目录公布之日起，未列入新目录的计量器具，不再办理计量器具许可证、型式批准和进口计量器具检定。

（2）清晰了技术依据。对于是否属于列入新目录的计量器具的判定，要以相应的国家计量技术法规的适用范围为依据，有关技术问题可向相应的全国专业计量技术委员会咨询。这样基本符合《中华人民共和国行政许可法》的要求。

（3）补充了新的项目。随着社会经济的发展，出现了新型计量器具，如测地型 GPS 接收机等，这次纳入新目录中。今后，随着经济发展、科技创新，计量器具将不断推陈出新，层出不穷。因此，目录也应是相对稳定、动态管理的。对于一些涉及贸易结算、安全防护、医疗卫生、环境监测等方面的计量器具，应适时调整目录，制定配套的国家计量检定规程，以适应经济发展的需要。

（4）规范了命名方式。在以前的目录中，常有一些命名不统一、不规范的情况。新目录中全部采用国家计量技术法规中的名称，命名更加规范，归类更加合理，如把各种衡器归类为天平、非自动衡器、自动衡器、称重传感器、称重显示器五类。

（5）采用了国际惯例。新目录坚持了可操作性、与国际惯例接轨等基本原则。

第一，正当目标原则。按照 WTO/TBT 的正当目标原则，将用于贸易结算、安全防护、医疗卫生、环境监测等方面的计量器具列入目录。

第二，同等国民待遇原则。长远目标就是对国内制造的计量器具和进口计量器具的管理采用相同范围，共用一个目录。

第三，逐步调整原则。我国原有的法制计量管理范围过大，要逐步调整、逐步缩小。

第四，可操作性原则。对列入目录的计量器具，要有明确的管理要求和技术要求，有现行有效的国家计量技术规范。

第五，动态原则。目录应是相对动态的，必要时制定并颁布新的国家计量技术规范后，增加项目列入目录。

第六，与国际惯例接轨原则。参考有关国际组织和部分国家（尤其是国际上有影响的大国）的管理目录。其中，国际法制计量组织（OIML）已经公布了国际建议的计量器具，一般都是重要的计量器具，应作为列入新目录首选的计量器具。

（6）新目录不包含计量标准和标准物质。在新目录中没有列入计量标准。对计量标准统一按《计量标准考核办法》进行考核和管理。新目录不包含标准物质，对标准物质统一按《标准物质管理办法》进行管理。在原来的目录中有一些传感器和二次仪表，由于传感器和二次仪表不能构成独立的产品使用，一般不应列入目录；但是有国际建议的，如称重传感器，则列入了新目录。

（7）新目录满足了行政许可要求。按照国务院法制办的意见，由国家市场监督管理总局先公布《中华人民共和国依法管理的计量器具目录（型式批准部分）》，另外根据《中华人民共和国进口计量器具监督管理办法》第四条的规定，对《中华人民共和国进口计量器具型式审查目录》进行逐步调整，以满足目前行政许可的要求。

免予办理制造计量器具许可证的特殊情况有以下两种：

第一，免予办理制造计量器具许可证的范围。

以非销售为目的的研制的计量器具，不必办理制造计量器具许可证，如本单位自制自用而不对外销售的计量器具。

科研单位或个人研制的计量器具，不对外销售只作为技术转让用的，研发计量器具的一方可不办理制造计量器具许可证；由接受技术转让的单位申请办理制造计量器具许可证。

制造专门用于教学演示用的计量器具，可不办理制造计量器具许可证；仅制造计量器具的零部件、外协件、元器件，不负责进行计量器具组装的，出厂的成品按计量器具定义不构成独立测量单元的产品，可不必办理制造计量器具许可证；专门从事计量器具销售而不进行制造计量器具活动的，不必办理制造计量器具许可证；经国家计量行政部门批准，可免予办理制造计量器具许可证的。

第二，对免予办理制造计量器具许可证的要求。属制造专门用于教学用的计量器具，要在产品明显部位标注"教学用"的永久性字样；属制造家庭用的计量器具，例如手提式弹簧度盘秤和用于非贸易结算的体重秤，应在产品明显部位标注"家庭用"永久性字样。

（四）申请单位的法律地位要求

办理制造计量器具许可证的组织应当具备法人资格，独立承担在计量器具生产、经营、销售活动中各种民事权利和民事行为。随着现代企业制度的建立，制造计量器具的单位可以有各种组织形式，作为独立法人也好，作为独立法人的代理委托授权也好，名称上可以有多种称谓，场地上可以有多个处所，但必须取得法人资格，在从事计量器具生产制造活动中能够独立承担民事责任。在申请制造许可证过程中，要求申请单位提交合法经营的证明文件就是指工商注册、民政注册或编委注册的文件及证件。任何制造计量器具的单位都应当守法经营、合法谋利，在生产、经营活动中承担自己的法律责任和民事权利。

（五）计量器具许可证的法律效力

计量器具许可证的法律效力主要体现在以下三个方面：

1. 项目效力

制造许可证是根据申请单位提交的计量器具产品项目品种组织安排评价试验，考核合格后颁发的。制造许可证的项目效力具有鲜明的针对性，即仅对批准的计量器具名称、规格等项目有效。例如：①增加产品品种或者规格必须办理增加产品的许可手续；②产品重大改进必须办理改进产品的许可手续。

2. 条件效力

制造许可证是在对申请单位所在地的制造计量器具的各项条件考核合格的基础上批准颁发的。因此，许可证仅对考核时的制造条件有效。由于制造、场地迁移等原因，制造条件发生变化时，应当重新申请办理制造许可证。

3. 时间效力

制造许可证的有效期为3年。已取得制造许可证的单位，在有效期满前3个月，应当向原发证的人民政府计量行政主管部门申请复查换证。复查按制造许可证的考核程序进行。经复查合格的，换发新的制造许可证。

二、计量器具许可证的管理权限

按照《计量法》规定，各级人民政府计量行政部门为制造计量器具许可证发证机关，在计量器具许可证管理工作中，国家计量行政部门负责统一监督管理全国制造许可证工作，省、自治区、直辖市计量行政部门负责本行政区内制造许可证监督管理工作，市、县计量行政部门在当地省级计量行政部门的领导和监督下负责本行政区内制造许可证监督管理工作。我国的计量管理基本以省份为整体，各省级计量行政部门根据本地的计量器具管理工作量不同有不同的管理权限设置。

（一）国家计量行政部门的管理权限

国家计量行政部门负责统一监督管理全国制造计量器具许可证工作。制定有关计量器具管理的政策、法规，拟定计量器具许可证实施目录，颁布计量器具制造许可证考核规范，发布计量器具生产条件及能力要求，培训计量器具制造许可考核考评员，组织对计量器具产品质量进行监督检查。

根据许可证管理工作需要，对重点管理的计量器具国家实施不同的管理方式。凡列入国家重点管理的计量器具目录的，其制造许可证的受理申请、考核和发证工作由省、自治区、直辖市质量技术监督部门办理；其型式评价按照《计量器具新产品管理办法》的规定，由国家市场监督管理总局授权的技术机构进行。

（二）省级人民政府计量行政部门的管理权限

省、自治区、直辖市计量行政部门负责本行政区内制造计量器具许可证监督管理工作。对于国家纳入重点管理的计量器具，要严格按照国家的有关规定落实执行。各省份还可以根据本地制造计量器具业生产品种和产品数量的分布，规定省级重点管理计量器具目录，确定管辖范围内各级计量行政部门许可证管理权限，组织对计量器具产品质量进行监督检查。

省级人民政府计量行政部门在管理指导全省计量器具许可证工作的同时，负责受理国家纳入重点管理的、省级重点管理的计量器具生产企业许可证的申请，安排计量器具型式评价试验，按照计量器具制造许可证考核规范组织计量器具生产条件考核，颁发《制造计量器具许可证》。

除省级人民政府计量行政部门管理范围外的计量器具，由各省辖市及县级人民政府计量行政部门按属地管理的原则，负责制造计量器具许可证的管理。

各省辖市人民政府计量行政部门受理企业制造计量器具许可证申请，转呈计量器具型式评价申请，安排生产条件考核，发放制造、修理许可证，对辖区内计量器具制造企业实施监督管理。

随着行政体制改革的发展，根据河南省计量器具许可证管理工作特点，省质量技术监督局规定，扩权县人民政府计量行政部门在制造计量器具许可证的管理中，承担与各省辖市人民政府计量行政部门相同的管理权限。

三、计量器具新产品

（一）计量器具新产品的管理

制造计量器具的企事业单位生产本单位未生产过的计量器具新产品，必须经省级以上人民政府计量行政部门对其样机的计量性能考核合格，方可投入生产。凡制造计量器具新产品，必须对其样机的计量性能考核合格，取得许可证后，才能进行生产销售活动。

计量器具新产品是指本单位从未生产过的计量器具，包括对原有产品在结构、材质等方面做了重大改进导致性能、技术特征发生改变的计量器具。凡在中华人民共和国境内，任何单位或者个体工商户制造以销售为目的的计量器具新产品，必须申请型式批准。型式批准是指计量行政部门对计量器具的型式是否符合法定要求而进行的行政许可活动型式批准，包括型式评价、型式批准决定两个环节。

型式评价是为了确定计量器具型式是否符合计量要求、技术要求和法制管理要求所进行的技术评价。计量器具新产品的型式评价是取得《制造计量器具许可证》的首要环节，是对计量器具新产品在批量生产前能否满足、保证技术标准和检定规程的考核，又是对计量器具新产品的性能、稳定性、可靠性以及寿命等技术指标的验证；同时，也是对设计原理是否科学，结构是否合理，指标是否先进，是否能在长期使用的状态下，满足技术标准及计量检定规程的规定技术要求的考核。因此，凡通过计量器具新产品型式评价的计量器具，可以证明该种计量器具新产品的型式达到了规定的技术标准和计量检定规程的要求。

列入国家重点管理目录的计量器具，型式评价由国家计量行政主管部门授权的技术机构进行；《中华人民共和国依法管理的计量器具目录（型式批准部分）》中的其他计量器具的型式评价由国家计量行政主管部门或省级计量行政主管部门授权的技术机构进行。国家计量行政主管部门负责统一监督管理全国的计量器具新产品型式批准工作，省级计量行政部门负责本地区的计量器具新产品型式批准工作。

(二) 型式批准证书

1. 型式批准证书的颁发

型式批准是对计量器具新产品的型式是否符合法制要求的一种认可，即由省级以上人民政府计量行政部门对计量器具的型式做出符合要求的一种决定。《计量器具新产品管理办法》第五条规定：国家质量监督检验检疫总局负责统一监督管理全国的计量器具新产品型式批准工作。省级质量技术监督部门负责本地区的计量器具新产品型式批准工作。

列入国家市场监督管理总局重点管理目录的计量器具，型式评价由国家市场监督管理总局授权的技术机构进行；目录中的其他计量器具的型式评价由国家市场监督管理总局或省级质量技术监督部门授权的技术机构进行。

经省级政府计量行政部门批准的计量器具新产品的型式批准，发给型式批准证书；再经国务院计量行政部门审核同意，可作为全国统一型式予以公布。

2. 型式批准的标志及编号

型式批准标志可以标注在新产品的样机投产后新产品的铭牌、说明书和合格证等明显部位。在标志下方要注明批准号。批准号是一组 7 位数字，中间带有一个代表计量器具专业的符号。

3. 型式批准的作用

(1) 申请计量器具新产品科技成果奖励时，必须以型式批准证书为据。

(2) 凡属计量器具新产品，取得型式批准证书后，经税务机关审查批准，方可按规定享受减税或免税的优惠。

(3) 型式批准的标志和批准号只限本单位该种产品使用，本单位其他种类的产品或其他单位再生产该种产品的，都不能用此标志与批准号。

(4) 获型式批准的计量器具是由申请单位首次研制出来的，以后该产品技术转让给其他单位，此行为属于技术转让。型式批准受知识产权保护。

(5) 型式批准证书是申请办理《制造计量器具许可证》的首要条件。

(6) 型式批准证书是计量器具新产品申报技术专利申请条件之一。

四、制造许可证签发办理程序

制造许可证的办理程序包括许可证申请、许可证考核和许可证签发三个阶段。

(一) 制造许可证的申请

申请制造计量器具许可考核单位应当保持申请许可项目的正常生产状态，并准备相关资料供考核组检查：①申请单位的基本情况和组织结构图；②依法在当地政府注册或者登记的文件（原件）（含异地营业执照）和统一社会信用代码证书（原件）；③受理申请许可的型式批准证书和型式评价报告；④换证申请单位所持有的许可证（原件）；⑤产品标准及产品标准登记或备案原件；⑥申请单位对照考核规范和许可考核必备条件的自我评价；⑦计量管理制度和质量管理制度，及实施情况的记录；⑧质量管理人员、技术人员、计量人员和检验人员明细表及任命书、聘用合同等；⑨生产设备、工艺设备、检测设备和出厂检验测量设备一览表；⑩检测设备和出厂检验测量设备的检定或校准记录或证书；⑪申请许可项目的设计文件（包括设计图样、安装使用说明书等）、工艺文件（包括作业指导书、工艺规程、工艺卡）、检定规程或校准规范或检验方法等；⑫产品出厂检验记录；⑬计量标准考核证书（如建立有企业最高计量标准）；⑭相关法律法规及相应标准、技术规范的清单；⑮工艺流程图及关键控制点位置（以便现场巡视时使用）；⑯现场考核过程中需要的其他资料。

（二）制造许可证的考核

1. 考核内容

《制造计量器具许可考核通用规范》具体规定了制造计量器具许可考核的要求，主要包括计量法制管理、人力资源、生产场所、生产设施、检验条件、技术文件、管理制度、售后服务和产品质量九个方面。申请制造计量器具许可的单位（以下简称申请单位）必须符合上述九个方面的全部要求，其中生产场所、生产设施和检验条件等还必须符合该项目许可考核必备条件所规定的全部要求。

如果申请制造许可的计量器具的主要部件为外协加工的，应具有合格供方的定期评价、质量档案、采购控制清单。清单内容应明确规定质量和技术要求；应有工艺流程图和关键工序规定；应有入厂质量验收记录和关键工序过程检验记录，记录数量应与生产、入库数量一致。

2. 考核程序

对申请制造计量器具许可证的单位生产条件的考核，是把握制造许可证发证质量，最终保证计量器具产品质量的中心环节。为保证考核工作自身的质量，必须严格按规定的考核程序和要求进行考核。

（三）制造许可证的签发

1. 审核发证

受理申请的计量行政主管部门应当在接到考核组的考核报告后的 10 个工作日内完成

对考核结果的审核。经审核合格的，颁发制造计量器具许可证；审核不合格的，退回申请书。

2. 许可证标志和编号

（1）许可证标志。许可证标志含义是中华人民共和国制造计量器具许可证。

（2）许可证编号。制造计量器具许可证的编号样式为：A 制 B 号，其中，"A"为国家、省、自治区、直辖市的简称，国家简称"国"；"B"为地、市、县的行政区代码和许可证的顺序号，共 8 位数字，其中 1~4 位填写国家标准规定的地、市、县行政区代码，5~8 位填写许可证的顺序号。如国家市场监督管理总局或省级计量行政主管部门发证，前四位数字为 0000。发证部门对每个制造计量器具企业只给一个编号。

许可证编号由许可证的发证部门确定。由省质量技术监督局颁发的许可证由省局确定其许可证编号，由省辖市质量技术监督局颁发的许可证由省辖市局确定其编号。如一个乡镇企业生产 6 种计量器具，其中有 5 种属于一般的计量器具，由所在省辖市质量技术监督局考核颁发许可证，该许可证编号由县局确定。另外 1 个计量产品是电能表，属于国家重点管理的计量器具，由省质量技术监督局负责考核颁发许可证，则该许可证的编号由省局确定。对于该企业则可能有两个不同编号的制造计量器具许可证。

（3）标志和编号的使用。标志和编号必须制作在产品上或产品的铭牌上。另外，在说明书和外包装上也要有许可证标志和编号。许可证的编号要与标志在一起采用，编号标注在标志的下侧或右侧。未取得制造计量器具许可证的产品不得使用此标志和编号。许可证标志和编号一律不得转让。

第六章　计量人员与机构管理

第一节　计量人员的分类与管理

一、计量人员的分类

企业计量人员是指在企业中从事计量活动的人员，根据其在计量检测体系中所从事的计量活动，可划分为企业计量技术人员和企业计量管理人员两大类。

（一）企业计量技术人员

第一，测量设备校准人员，包括从事测量设备检定、校准、测试、校验、比对等各种活动，负责确定测量设备计量特性的人员。

第二，测量设备调试、修理人员，负责对计量特性出现偏离的测量设备进行调整或修理，使这类测量设备满足所规定的计量特性要求。

第三，计量科学技术研究人员，主要指从事测量方法制定、误差分析研究的工程技术人员，这类人员还应承担其他内容的技术工作，如对测量设备校准间隔实施确认等。

第四，生产现场的计量检测人员，主要指物资量称量人员、定量包装商品净含量检测人员、大型精密仪器操作人员等。

（二）企业计量管理人员

第一，计量检测体系运行人员，主要是指推动企业整个计量检测体系运行、从事计量检测体系设计、测量设备配置策划、检测数据的确认、对外来服务进行评定，以及负责有关测量的方法、技术资料、记录、标记、封印的管理等工作的人员。

第二，计量检测体系审核人员，这类人员主要负责对建立的计量检测体系的内部审核与管理评审，负责计量检测体系运行中的定期内部审核，以及参与对计量检测体系有重大改变时的管理评审。

企业计量人员的上述分类不是绝对的，哪些人员应列入计量人员之内，可由企业根据自身的机构设置、管理特点、体系约束能力等情况来确定。

二、计量人员的管理

计量检测体系的建立是否科学、完善，能否有效地发挥保证作用，很大程度上取决于计量人员的水平。因此，建立起一支技术水平高、有经验、有才能、懂管理的计量人员队伍，是保证计量检测工作有效实施的关键。

企业应保证所有的计量工作都由具备相应资格、受过培训，有经验、有才能的人员来实施，并有人对其工作进行监督。企业计量人员的配备必须与企业生产和经营管理要求相适应。相适应指的是，计量人员配备的数量要满足工作量的需要，人员结构要合理，人员素质要高，能满足各类计量活动的要求。计量人员中既要配备管理人员和专业技术人员，还要配备相当数量技术熟练的计量工人。计量人员队伍应保持稳定，有计划地进行技术业务的培训，不断提高技术业务水平，建立起一支法治观念强、技术业务精、工作效率高的计量队伍。

（一）计量人员的配备

第一，企业计量人员的配备应达到行业主管部门配备规范的要求。没有制定行业规范的，建议企业计量人员总数占企业职工总数的 1%~2%。

第二，企业计量技术人员总数一般应占企业计量人员总数的 15% 以上。

第三，从事计量管理的人员应占计量人员总数的 5%~10%。

（二）计量人员资格要求

计量是技术较为复杂、涉及知识面较为宽广的一类工作。计量人员从事计量工作，就要求在专业技术面或专业管理方面有相应的水平。目前，对计量人员资格认定通常采用以下形式：

第一，对承担计量检定的人员，按国家《计量检定人员管理办法》和检定人员考核细则的规定，对计量检定人员能够从事的检定项目进行理论考核与实际操作考试，合格者颁发检定员证，持证方能上岗。发证采取单位主管部门颁发和政府计量行政部门颁发两种形式。检定员证书上标明所能承担的检定项目。承担计量校准、计量检测的人员，可参照检定人员考核发证办法取得校准或检测人员证。

第二，对于计量技术人员的资格的认定。计量技术人员应有学历的要求，或是经过一定的技术培训取得培训合格证。企业在计量技术管理上设置有不同岗位，每个岗位要有岗位职责，要胜任这些职责就要具备一定的水平，就要进行上岗前的考核。这种考核一般由企业组织进行，考核合格的颁发上岗证。

第三，对于计量管理人员，可以用与计量技术人员相类似的方式和要求进行资格确认。只不过是岗位责任制内容有较大不同，其职责突出了管理能力和管理效率要求，主要应对管理水平进行考核。

第四，对计量检测体系进行审核的人员，除了要有学历要求、测量技术基本知识要求、管理水平要求外，还应按有关体系审核员的标准要求对其考核。企业有条件的，可派人员参加国家或省、部级计量部门举办的审核员培训学习。

（三）计量人员的知识培训

对计量人员的培训是随着计量检测体系的建立而进行的。培训应按有关规定要求，有组织、有计划地进行。培训的水平很大程度决定了计量人员的水平，而计量人员的水平又很大程度决定了计量工作的水平。因此，应对人员培训给予足够的重视。

对计量人员资格取得后的培训是为了适应测量水平发展的需要。测量新方法的采用、测量技术的进步，以及计量检测体系的完善提高，都要求计量人员更新思想观念，改善知识结构，增强业务能力。因此，对计量人员的培训应成为一项长期的、经常性的活动。对计量人员培训的内容主要有以下五个方面：

第一，对所有计量人员，都要求了解和掌握测量的基本知识、计量检测体系所依据的国际标准，国家有关计量法律、法规，本单位计量检测体系的有关手册、文件、程序等。

第二，测量设备校准、调试、修理、操作的人员，要掌握或了解相关的测量设备原理、结构、性能、使用和溯源等方面的知识。

第三，测量技术人员要掌握基本的误差理论、测量不确定度评定知识，要熟知相关的测量技术文件，要具有对测量结果进行修正以及对测量数据的质量进行判定的专业技术知识，掌握对相关的测量设备的确认要求及测量新技术、溯源新方法、检测新要求等知识。

第四，计量管理人员应掌握法制计量管理和科学计量管理的基本知识、测量设备配置和管理的知识，以及对先进计量管理方法、人际关系技巧、工作统筹计划的了解。

第五，计量体系审核人员，不仅要了解各方面计量管理和测量技术知识，还要不断提高对其掌握的程度，以增强对体系审核的能力。要更多地了解体系审核的方法和技巧，进一步提高审核效率和审核质量，提高计量检测体系的有效性、适宜性、符合性。

对计量人员培训的内容应不限于以上这些，企业应根据需要和发展来确定培训内容，应制订长期或短期培训计划，尽可能落实到每个计量人员。培训计划应有专门机构实施。实施机构应提前准备好培训的教材，提出培训要达到的目的，并将培训结果记录在案。培训重在对知识的掌握，但同时也是对人员的考核。培训的方式可多种多样，可讲授、自学、函授，使用计算机培训软件及现场操作等。注意收集计量工作正反两方面事例，提高计量培训水平。

（四）对计量人员的管理要求

要对计量人员进行严格、科学、系统的管理。管理的方式、方法及内容，要求通过编制的《计量人员管理程序》体现。该程序大体要考虑这些方面：①计量人员的种类划分及职责范围的确定；②计量人员的岗位责任制；③各种计量人员的资格确定；④计量人员培训的规定；⑤明确对计量人员监督管理的机构；⑥对计量人员的监督及考核规定；⑦对违反有关规定行为并造成损失的惩处措施；⑧对业绩突出人员的奖励措施。

对计量人员监督管理机构要定期或不定期地实施人员考核，对不称职的人员应取消资格。要根据本单位计量体系的变化和发展及时调整计量人员，并相应考虑对人员提出新的要求。

（五）建立计量人员的个人技术档案

企业应建立计量人员的个人技术档案，作为计量人员文化水平、工作经验、资质能力、培训经历、技术成果的客观证据。个人技术档案一般应包括的内容有：①个人情况履历表；②学历证书复印件；③专业技术职称及其他资格证复印件；④计量专业方面的学术论文、技术成果证明复印件；⑤各类计量培训、考核成绩；⑥有关的计量工作奖惩证明。

对个人技术档案应采用动态管理的方法。对建档后的新信息，应及时输入，以保证个人技术档案的有效性。

计量人员的个人技术档案，一般建立在企业计量机构，必要时，也可以建在企业的其他部门。无论建在何部门，都应做到信息的完整性、有效性，便于查阅。

（六）开展计量人员绩效考核

考核是人员管理中的重要环节，是培训任用的依据，也是激励的重要手段。人员考核的目的在于计量目标的实现，在于激励人员的进取，在于企业的持续发展。

1. 考核的内容

考核内容应当包括工作绩效、工作能力、工作态度三部分。工作绩效包括工作数量、工作质量、工作效率、工作效益等方面；工作能力包括计量业务水平、综合分析能力、自学能力、语言表达能力、文字表达能力、组织协调能力、创新能力、决策能力、人际关系协调能力、工作经验等；工作态度主要是看政治思想素质、道德素质、心理素质、事业心、责任感、服务态度、出勤率等。

2. 考核的标准

对考核内容的具体化就形成考核标准。它包含两个基本要素：①对考核内容要求的具体描述；②评价等级，其中包括定性评定和定量打分。

3．考核的原则

考核工作要搞好，考核目标要实现，就必须坚持考核原则。注意公平、公正、实事求是，注意双向沟通，面向未来，面向发展。

4．考核的方法

（1）确定考核标准。制定人员考核标准要紧贴工作程序要求，考核标准尽量细化量化，内容应当是员工能够掌握或者控制的。

（2）把握考核标准。坚持绝对标准，不搞相对标准。即拿人跟工作程序比较，确定员工哪些方面做得好，哪些方面存在缺陷；不将人与人相比，确定谁比谁强，谁比谁差。

（3）设计考核表格。考核表格是考核工作的工具、考核标准的展现。要设计好考核表格的各个栏目，做到直观、填写方便、汇总便利。

第二节　计量实验室认可与管理

实验室是指从事科学实验、检验、检测和校准活动的技术机构，实验室资质是指向社会出具有证明作用的数据和结果的实验室应当具有的基本条件和能力。实验室的基本条件是指实验室应满足的法律地位、独立性和公正性、安全、环境、人力资源、设施、设备、程序和方法、管理体系和财务等方面的要求。实验室的能力是指实验室运用其基本条件以保证其出具的具有证明作用的数据和结果的准确性、可靠性、稳定性的相关经验和水平，实验室资质评定的形式包括计量认证和审查认可。"质量是保证计量实验室体系管理的重要内容，计量实验室有效管控可以提升产品的质量，可以预防质量问题的发生。"[①]

一、计量认证的有关法律规定

《计量法》规定，为社会提供公证数据的产品质量检验机构，必须经省级以上人民政府计量行政部门对其计量检定、测试的能力和可靠性考核合格。

《计量法实施细则》规定，为社会提供公证数据的产品质量检验机构，必须经省级以上人民政府计量行政部门计量认证。

《计量法实施细则》还规定，产品质量检验机构计量认证的内容包括：①计量检定、

---

① 魏本海，刘国川，马楠，等．计量实验室质量体系管理方法及研究［J］．大众标准化，2022（15）：2.

测试设备的性能；②计量检定、测试设备的工作环境和人员的操作技能；③保证量值统一、准确的措施及检测数据公正可靠的管理制度。

《计量法实施细则》第三十四条规定，产品质量检验机构提出计量认证申请后，省级以上人民政府计量行政部门应指定所属的计量检定机构或者被授权的技术机构按照本细则第三十三条规定的内容进行考核。考核合格后，由接受申请的省级以上人民政府计量行政部门发给计量认证合格证书。未取得计量认证合格证书的，不得开展产品质量检验工作。

《实验室和检查机构资质认定管理办法》中给出的计量认证的概念是：计量认证是指国家认证认可监督管理委员会和地方质检部门依据有关法律、行政法规的规定，对为社会提供公证数据的产品质量检验机构的计量检定、测试设备的工作性能、工作环境和人员的操作技能与保证量值统一、准确的措施及检测数据公正可靠的质量体系能力进行的考核。

计量认证是指政府计量行政部门对有关技术机构计量检定、测试的能力和可靠性进行的考核和证明，是由政府计量行政管理部门对产品质量检验机构能力进行的一种评价和资格认可，目的是保证这些检验机构为社会出具的公证数据准确可靠。它是对产品质量检验机构的一种强制性要求，是政府权威部门对检测机构进行规定类型检测所给予的正式承认，是我国通过计量立法对凡是为社会出具公证数据的检验机构（实验室）进行强制考核的一种手段，是具有中国特色的政府对第三方实验室的行政许可。经实验室资质认定（计量认证）合格的产品质量检验机构所提供的数据，用于贸易出证、产品质量评价、成果鉴定作为公证数据，具有法律效力。

二、计量认证的范围

根据《计量法》的规定，凡对社会提供公证数据的产品质量检验机构必须进行计量认证。随着计量认证工作的开展，其社会影响和权威性日益扩大，一些对社会提供公证数据的其他类型检测机构，如校准实验室、环境监测实验室、理化分析实验室等也纷纷自愿地提出计量认证申请。政府计量部门考虑到这类实验室建设和社会认同的需要，在自愿为主的前提下，也接受这类实验室的认证申请。因此，计量部门可根据检验机构的不同性质，受理强制认证和自愿认证申请，但认证标准和认证程序对两种实验室是一样的。

从事相关活动的机构应当通过资质认定，资质认定的形式包括计量认证和审查认可：①为行政机关做出的行政决定提供具有证明作用的数据和结果的；②为司法机关做出的裁决提供具有证明作用的数据和结果的；③为仲裁机构做出的仲裁决定提供具有证明作用的数据和结果的；④为社会公益活动提供具有证明作用的数据和结果的；⑤为经济或者贸易关系人提供具有证明作用的数据和结果的；⑥其他法定需要通过资质认定的。

三、计量认证的作用和意义

计量认证是我国的实验室认证制度。计量认证有一套严格的管理程序和考核标准。通过计量认证，取得计量认证合格证书，表明检验机构符合相关要求：①有健全的职能组织机构；②建立了完善的检测工作管理体系；③具有计量性能符合要求的测量设备，而且测量量值能溯源到国家计量基准；④有合格的管理人员和测量人员；⑤有符合要求的环境条件；⑥编制了描述其管理体系要素和作用的质量手册及实验室运行需要执行的各种程序文件。

检验机构达到上述要求，就具备了向社会提供准确、可靠的公证数据的能力。这些数据对用于产品质量的判断、仲裁，以及用于新产品新材料的研制、工艺改进、科学成果的鉴定等方面都有着重要作用。特别是那些承担有产品质量监督抽查任务的检验机构，其检验数据和检验结论的准确、正确与否，则直接关系到广大消费者的合法权益和生产厂家的正当利益。

随着我国市场经济的发展，检验机构作为提供检测数据的服务方，将面临用户的选择，激烈的市场竞争是不可避免的，只有那些检测能力强、检测工作质量水平高和服务好的检验机构才可能求得生存和发展。通过计量认证，检验机构的综合能力和水平得到了法律上的承认，具有了向社会提供公证数据的资格，这无疑提高了检验机构的社会信誉和用户对其的信任程度，使其处于更有利的竞争地位。通过计量认证的检验机构，因其高质量的检验工作，将对改善和提高我国的产品质量，维护国家和消费者的利益，规范和促进我国社会主义市场经济的发展，起到很大的作用。

四、计量认证（实验室资质认定）标志的使用

国家认证认可监督管理委员会规定实验室资质认定证书包括四种形式：①计量认证证书，对向社会出具具有证明作用的数据和结果的实验室颁发，使用 CMA 标志；②审查认可证书，对向社会出具具有证明作用的数据和结果的检验机构颁发，使用 CAL 标志；③验收证书，对质量技术监督系统质量检验机构颁发，使用 CAL 标志；④授权证书，对国家市场监督管理总局授权的国家产品质量监督检验中心、省级质监局授权的产品质量监督检验站颁发，使用 CMA 和 CAL 标志。

取得计量认证合格证书的产品质量检验机构，可按证书上所限定的检验项目，在其产品检验报告上使用计量认证标志，标志由 CMA 三个英文字母形成的图形和检验机构计量认证书编号两部分组成。

通过计量认证和审查认可（验收）的质检机构，允许在其出具的检验报告上加盖 CMA 标志和 CAL 标志，并分别在两个标志下加印计量认证和审查认可（验收）的证书编号。CMA 意为中国计量认证。CAL 标志是中国考核合格检验实验室。

第三节　计量检定机构管理与考核

一、计量检定机构的建立和管理

（一）计量检定机构的建立

按照《计量法》的规定，县级以上人民政府可以依法建立法定计量检定机构。

专业计量检定机构，一般由省级以上部门、行业主管部门依据本部门、本专业的需要建立，其最高计量标准须考核合格，机构经授权考核满足要求，取得政府计量行政部门的授权后，才能承担与授权内容相一致的计量检定、校准、检测工作。

一般计量检定机构，可以根据本单位的工作需要建立，其所建立的本单位各项最高计量标准，必须经与其主管部门同级的政府计量行政部门考核合格，才能在本单位开展计量检定、校准、检测工作。

（二）计量检定机构的管理

按照计量法律法规的有关规定，各级政府计量行政部门在各自的职责范围内，对计量检定机构进行管理。管理的内容一般包括计量检定人员考核、计量标准考核、计量检定机构考核、计量授权考核等。

二、法定计量检定机构考核

"对法定计量检定机构进行考核审评是我国计量标准管理的规范化以及法制化要求，能够在一定的程度上提升法定计量检定机构的工作质量。"[①]

---

① 曹骞，胡洁，李爱群. 关于法定计量检定机构考核工作中的体会 [J]. 价值工程，2020，39（06）：28.

（一）考核工作概述

1. 考核目的

为加强对法定计量检定机构的管理，确保其为国民经济和计量监督依法提供准确可靠的计量检定、校准与检测结果，根据《计量法》和《法定计量检定机构监督管理办法》等规定，法定计量检定机构考核的依据是中华人民共和国计量技术规范《法定计量检定机构考核规范》（以下简称《规范》）。

《规范》规定了对法定计量检定机构的基本要求，只有达到这些要求的机构才有资格和能力承担政府下达的法定任务和为社会提供检定、校准与检测服务。政府计量行政部门如何判断一个机构是否达到了这些要求，是否具备了相应的资格和能力，只有通过考核，才能证明一个机构对所规定的要求的符合程度。因此，考核的目的就是确定一个机构是否满足了《规范》规定的对法定计量检定机构的全部要求。

《规范》规定的考核方法是各级法定计量检定机构申请获得计量授权资格和政府计量行政部门组织对法定计量检定机构考核的依据。各级法定计量检定机构应遵循《规范》进行申请，接受考核和监督管理。政府计量行政部门应遵循《规范》组织对机构的考核、评定和监督。

2. 考核内容

以我国计量法律、法规、规章为依据，按照国际法制计量组织（OIML）对法制计量实验室的要求，以国家标准《检测和校准实验室能力的通用要求》为框架，参考了《质量管理体系基础和术语》和《质量管理体系要求》中关于质量管理原则、质量管理体系模式和质量管理体系等国家标准的部分要求，明确了对法定计量检定机构考核的内容。

3. 考核方法

考核方法是以国家标准《合格评定认可机构通用要求》为依据制定的，同时也是结合了我国《计量法》对计量标准的建立、计量检定人员的要求和计量授权考核等方面的规定，总结了从20世纪末开始对国家法定计量检定机构进行考核和授权的活动中积累的成功经验后制定的，因此更符合我国实际情况，更具可操作性。

4. 考核原则

政府计量行政部门组织对法定计量检定机构的考核是一项关系全国量值的统一、准确、可靠，并能与国际计量标准保持一致的重要工作。为确保考核的严肃性和有效性，考核中应遵循以下原则：

（1）考核是一项系统的、独立的活动。"系统"是指考核活动是一项正式、有序的审查活动；"正式"主要是指考核工作在政府计量行政部门的组织领导下，由经过培训并取得资格的考评员，严格按考核规范的要求进行；"有序"则是指有组织、有计划并按规定的程序进行，包括考核前的准备、考核中客观证据的收集、考核后提交考核报告，并进行纠正措施的验证和证后的监督；"独立"是指应保持考核的独立性和公正性，包括考核应由与被考核机构无直接责任的人员进行，考评员在考核中应尊重客观事实，不屈服任何方面的压力，也不迁就任何方面的需要。

（2）考核是一种抽样的过程，但抽样必须覆盖全部考核要求和考核项目。由于时间和人员的限制，要在比较短的时间内完成考核，只能采取抽样检查的方法，包括抽取一定数量的质量记录，询问一定数量的人员，抽查若干测量设备，检查若干检定、校准和检测的实施过程等。任何抽样都是有风险的，考核抽样也不例外。为了减少抽样的风险，一方面，应做到随机抽样，并保持独立性和公正性；另一方面，也是更为重要的，考核必须覆盖考核规范所规定的全部要求，必须覆盖被考核机构所申请的全部考核项目。因此，考核要求不允许抽样，考核项目不允许抽样，这是保证考核有效性的重要原则。

5. 考核程序

《规范》中对考核程序做出了明确规定。考核程序包括考核申请、考核准备、考核实施、考核报告和纠正措施的验证五个环节。五个环节缺一不可，构成了一个完整的考核过程。

（二）考核申请

1. 申请的条件

为了适应市场经济的需要和与国际接轨，近年来政府加强了法定计量检定机构的管理，规定只有取得计量授权证书的机构才有资格承担政府下达的执法任务和为社会提供检定、校准与检测服务。因此，对各级法定计量检定机构的考核是强制性的。各级法定计量检定机构必须认真贯彻《规范》的要求。按要求建立机构的管理体系，并有效运行一段时间，对所开展的项目在实验室条件、计量标准考核、测量设备、人员、依据的检定规程或其他合法的方法文件等方面已满足要求后，方可提出考核申请。法定计量检定机构考核向哪一级政府计量行政部门申请，按《法定计量检定机构监督管理办法》的规定执行。

2. 申请的提出

机构的考核申请包括申请给予机构授权的意向和申请授权的具体项目两个方面，具体包括考核申请书、考核项目表、考核规范要求与管理体系文件对照检查表。

（1）申请书的填报。法定计量检定机构考核申请书包括基本情况、承担法定任务和开展业务范围、提供文件目录。随申请书提交的文件及文件份数包括：机构依法设置的文件副本1份，机构法人代表任命文件副本1份，授权的法定计量检定机构的授权证书副本1

份（国家法定计量检定机构不适用），考核项目表 B1、表 B2、表 B3、表 B4、表 B5 各 3 份（可按申请检定、校准、检测考核的项目选取），考核规范要求与管理体系文件对照检查表 3 份，质量手册 3 份等。

（2）考核项目表的填报。机构根据计量标准考核证书及已具备的检定、校准、检测能力，填写考核项目表。考核项目表的内容，一部分由申请考核单位填写，一部分现场考核时由考评员填写。

（3）考核规范要求与管理体系文件对照检查表的填报。申请考核单位应对照《规范》每一条，将与之对应的本机构管理体系文件的名称、文件号和条款号填写在该表的"管理体系文件、文件编号、条款号"中。

（三）考核准备

1. 文件初审

负责组织考核的政府计量行政部门在受理了法定计量检定机构的考核申请后，应指派考评员对申请文件进行初审。初审时应对照考核申请书的要求，检查所提供的文件是否齐全，考核申请书的内容是否清楚反映了机构的有关情况，考核项目表是否填写完整。

考评组长或者考评员在文件审核时如发现提供的文件不齐、信息不全，或认为有必要补充进一步的文件或资料，应将此情况报告组织考核的政府计量行政部门，由组织考核的政府计量行政部门通知申请机构补充完整。要特别注意的是，对于开展校准或检测项目所依据的文件名称编号，如果不是在国内公开发行并经批准的检定规程、校准规范，应要求申请机构提供非标方法确认的相应文件，考评员还要对申请机构的质量手册进行初审。根据申请机构提供的考核规范要求与管理体系文件对照检查表，逐条查对考核规范的要求是否已在申请机构的管理体系文件中体现。

2. 组织考核组

（1）成立考核组。经过考评员对申请考核单位申报的资料进行文件初审合格后，组织考核部门应着手成立考核组。考核组成员都应是具有考评员资格的人员，考核组组长由组织考核部门聘任。考核组成员要兼顾硬件和软件考核的需要，硬件考核人员应是申请考核项目的计量标准考评员或熟悉考核项目的专业技术人员。

（2）确定、联系具体考核事宜。确定了考核组人选后，由组织考核部门将考核组名单、组长人选、初步的现场考核日期通知申请考核机构。经协商，对考核组组成或时间安排进行确认后，以文件形式下达机构考核任务。

3. 制订考核计划

现场考核计划由考核组组长负责制订。现场考核计划的内容如下：

（1）现场考核的目的和范围。现场考核的目的就是通过实际观察和取证确认申请考核机构的管理体系是否有效运行，是否满足《规范》要求，其申请考核的项目是否具备了相应的能力和水平。考核范围是指要考核哪些实验室、哪方面业务活动等。

（2）列出与考核有重大直接责任的人员名单。这些人一般包括申请机构的主要负责人、技术负责人、质量负责人、授权签字人、考核项目的负责人等，他们都是考核的重点对象。

（3）明确考核依据的文件，如《规范》、申请机构的质量文件、考核项目依据的技术文件等；说明考核组成员的分工、考核的程序。

（4）细化考核的方法及要求，如查阅文件记录、现场参观、现场操作、现场提问、召开座谈会等具体安排。

（5）考核期间的作息时间和主要考核活动日程表，与申请机构领导人举行首次会议、末次会议及其他会议的日程安排。

4. 现场考核准备工作

（1）文件准备。考核组组长负责准备现场考核所用的工作文件。这些文件除考核依据的《规范》、申请机构质量手册及考核项目技术文件外，还包括软件组、硬件组的考核记录。软件组的考核记录就是申请机构提交的"考核规范要求与管理体系文件对照检查表"，硬件组的考核记录就是申请考核机构提交的"考核项目表"。

（2）样品准备。硬件组考评员要负责确定现场试验操作项目，准备用于现场试验的被测样品。确定为现场试验操作考核的项目应不少于申请考核项目总数的三分之一。在选择现场试验考核项目时，应选择那些具有代表性和技术比较复杂的项目。现场试验操作考核可以采用由考核组提供被测样品和在被考核机构现场抽取样品两种方式。由考核组提供的被测样品应由硬件组考评员事先准备好，经过权威机构检定、校准或检测，并带到考核现场，但注意在考核前盲样的检定、校准或检测数据要保密。

（四）考核实施

1. 预备会和首次会议

（1）预备会。参加现场考核的考核组全体成员应按规定要求准时到达被考核单位。在正式考核评审开始之前，考核组应召开预备会。预备会的参加人员一般为考核组全体成员。预备会由考核组组长主持，就现场考核的准备工作进行检查和落实，明确考核计划和考核组成员分工，确认现场考核的依据文件、考核记录是否已准备好，检查由考核组提供的用于现场操作考核的被测样品是否准备就绪，组长和组员之间互相熟悉，就考核计划进行沟通，以便在考核过程中配合协调。

（2）首次会议。考核正式开始的第一步是召开首次会议。首次会议由考核组组长主持，参加人员包括考核组全体人员、申请考核机构负责人和其他有关人员。申请考核机构参加首次会议人员由机构自己决定，但至少应包括机构负责人、技术负责人和质量负责人，以及质量管理部门、业务技术管理部门和实验室的负责人。

2. 现场参观

首次会议之后，考核组全体成员在被考核机构负责人或联系人陪同下对整个机构进行现场参观，目的是通过参观了解被考核机构的实际情况。软件组考评员在参观中要注意了解被考核机构内部组织的实际情况；硬件组考评员主要结合自己的分工项目了解实验室的位置、设施和环境条件，观察设备的实际状态，有无标志，保养维护情况，观察实验室的管理、卫生状况，初步认识从事被考核项目的专业技术人员。现场参观时应随时记录发现的问题或有疑问的地方，以及认为要重点检查的方面，但要注意现场参观不要拖得太长，不要就一些具体问题展开讨论。

3. 软件组考核内容和程序

（1）考核内容。软件组负责重点考核《规范》中的"4 组织和管理"、"5 管理体系"、"7.1 检定、校准和检测实施的策划"、"7.2 与顾客有关的过程"、"7.4 服务和供应品的采购"和"8 管理体系改进"，并做考核记录。

（2）考核方法。考核方法主要是将被考核机构的实际情况、被考核机构编制的管理体系文件及其运行或提供的客观证据情况与规范的要求进行比较、核对，检查其符合性、有效性。软件组进行考核时应注意检查要全面，核对要认真，线索须跟踪，证据要客观，记录要翔实。

4. 硬件组考核内容和程序

（1）考核内容。硬件组负责重点考核《规范》中的"资源配置和管理""检定、校准和检测的实施"。按照硬件组专家的专业分工分别考核所有申请考核项目，并做考核记录。硬件组的主要任务是确认被考核机构的技术能力。

（2）考核方法。考核方法主要是在被考核项目实验室现场和进行试验操作过程中，观察、提问，对现场试验的结果数据与已知数据进行比较分析，验证每一个考核项目是否达到了考核项目表中所表示的能力，包括测量范围、准确度等级或测量扩展不确定度的指标。

5. 计划调整

根据被考核机构的特点或考核过程中发现的问题，必要时，考核组组长在征得组织考核部门和申请考核机构同意之后，调整考评员的工作任务和考核计划。

6. 现场考核中断

考核过程中由于某种原因，现场考核无法进行下去时，考核组组长应及时向组织考核部门和申请考核机构报告原因，并撤出考核组。

7. 考核意见通报

（1）结果的汇总。软件组和硬件组分别完成了各自的考核任务后，考核组应将软件组和硬件组的考核结果进行汇总，依据考核记录和收集的客观证据，对照《规范》提出不符合项和有缺陷项。

第一，不符合项和缺陷项的判定依据，主要包括：①管理体系文件的判定依据是考核规范；②管理体系运行过程、运行记录、人员操作的判定依据是管理体系文件（包括质量手册、程序文件、作业指导书等）和计量技术法规（包括计量检定规程、校准规范、型式评价大纲或检验、检测规则等）；③申请授权项目资质和能力的判定依据是相关的计量法律、法规和规章（包括《计量授权管理办法》《计量标准考核办法》《计量器具新产品管理办法》等），以及该项目所依据的计量技术法规（包括计量检定规程、校准规范、型式评价大纲或检测规则等）。

第二，不符合项或缺陷项应事实确凿，其描述应严格引用客观证据，如具体的原始记录、证书、报告及具体活动等。在保证可追溯的前提下，应简洁、清晰，不加修饰。对于多个同类型的不符合项或缺陷项，通过考核组讨论，应汇总成一个典型的不符合项或缺陷项。

第三，区别不符合项与缺陷项的主要依据包括，但不限于这些方面：①是系统性的不符合规定的要求，还是偶然性的、个别的不符合规定要求；②不符合规定要求是否会造成检定、校准和检测结果的严重偏离或结论的错误；③不符合规定要求是否会对计量监督管理产生不良后果或使顾客的利益受到损害；④是否违反计量法律法规对法定计量检定机构和计量检定人员的行为规范。

（2）意见的通报。在末次会议前，考核组组长或考核组全体成员应就这些不符合项和有缺陷项与机构负责人交换意见，进行通报。

（3）异议的处理。在交换意见中被考核机构人员可能会对考核组的结论意见提出异议。考核组组长应耐心倾听，必要时考核组人员需要和被考核机构人员一起对有争议的问题进行复审。如果经过复审发现考核组的结论不符合事实，应予以撤销。如果被考核机构拿不出充分的证据反驳考核组的结论，则考核组仍应坚持原来的结论意见。

8. 末次会议

（1）会议时机。考核意见通报后，经过与申请机构负责人交换意见，取得了被考核机构负责人的认可，现场考核的目的已经达到。末次会议为现场考核的结束。

（2）出席人员。末次会议由考核组组长主持，考核组全体成员和被考核机构有关人员参加。被考核机构参加末次会议人员由机构自己决定，一般与参加首次会议人员相同。

（3）会议内容。末次会议的主要内容就是由考核组向被考核单位人员说明考核结果，包括对管理体系与《规范》要求符合程度的评价和管理体系对确保机构质量目标的有效性的评价，对照《规范》指出不符合项和存在的缺陷，提出整改要求，必要时可由软件组考评员、硬件组考评员分别就不符合项和存在缺陷的具体表现进行说明。

（4）签字确认。当双方意见都解释清楚，被考核机构对结论没有异议后，由考核组组长和机构负责人在每一张"考核项目表"上签字确认，参加现场考核的考核组成员在考核报告附表上签字。至此现场考核结束。

（五）考核报告

1.报告要求

现场考核完成后，考核组组长应编写考核报告，并且对考核报告的准确性和完整性负责。考核报告的依据是考核记录，应如实反映考核的情况和内容。用词和表达要客观、准确、恰当。报告内容包括概况、考核结果汇总、整改要求和考核结论。

2.报告填写

（1）概况。概况是经过核实的被考核机构的基本情况。

（2）考核结果汇总。针对《规范》的每一条款在"合格""有缺陷""不符合""不适用"中选择，被选项上打"√"，只能选一项。对于选择了"有缺陷"或"不符合"的，要在后面一栏说明缺陷或不符合的具体内容。

（3）考核结论。考核结论分为以下内容：

第一，总体评价。考核组应对申请考核机构的法律地位、基本条件、管理体系、技术能力是否符合《规范》，给以概括的评价。

第二，申请考核项目确认。这是对被考核单位申请考核的每一个项目的确认，确认其属于合格项目，还是需要整改项目，还是不合格项目。确认的依据就是"考核项目表"中的"考核结论"，这个结论已经考评员、考核组组长、机构负责人共同签字确认。

第三，能力验证试验情况。能力验证试验情况最能说明机构的质量水平和技术能力，这一点越来越受到国内外实验室评审界的重视。因此，必须在考核报告中把机构参加实验室之间比对的项目、次数、结果，以及对考核组提供样品现场操作试验的结果概括给以说明。

第四，整改期限对于需要整改的问题，要规定整改的期限。整改及其验证考核应在3个月之内完成。要求被考核单位在规定的日期前将整改报告，包括纠正措施、改正记录、改正后的"考核项目表"交付组织考核部门。同时也要规定考核组对整改情况的复查应在何时完成。

（4）报告的上报。考核报告应在末次会议后 10 个工作日之内完成，由考核组组长签署后，连同考核记录、证明材料和其他附件，提交组织考核部门。组织考核部门负责将考核报告，包括"考核结果汇总表"和"整改要求"的副本一份提供给申请考核机构，以便被考核机构及时进行整改。考核组和组织考核部门应妥善保管考核报告、考核记录及证明材料和所有与考核有关的资料，并负责保密。被考核机构的考核申请书、考核记录、考核报告、纠正措施验证报告等由组织考核部门归档保存。

（六）纠正措施的验证

1. 纠正措施的实施

对于存在不符合项和缺陷项的机构，必须采取纠正措施，按考核组的整改要求进行整改，整改完成后，写出整改报告，连同证明已达到整改要求的证明材料，在考核报告规定的整改日期之前交付组织考核部门，由组织考核部门将这些材料转给原考核组组长给予审核。

2. 纠正措施的验证考核

如果需要整改的问题较多，不能完全从整改报告上判断整改效果如何，就需要进行现场验证考核。如果需要整改的问题是比较容易改正的小问题，从整改报告或证明材料上完全能判断是否已经满足整改要求，不必再到现场验证。采取何种方式进行验证考核，由组织考核部门征求考核组组长的建议后决定。考核组组长要负责按事先商定的时间完成验证考核任务，并编制纠正措施验证报告。

3. 纠正措施验证报告

纠正措施验证报告的内容与考核报告相似。如果验证考核时仍发现有需要整改的问题，将再次提出整改要求，并规定整改完成日期和考核组完成验证考核日期，根据验证考核结果提出是否授权的建议，参加验证考核的考核组成员要在纠正措施验证报告上签名，纠正措施验证报告仍由考核组组长签发并全面负责。

（七）考核结果评定和证后监督

1. 考核结果评定

考核报告和纠正措施验证报告及所有考核资料都交到组织考核部门以后，由组织考核部门对这些报告资料进行评定。

对考核结果的评定应包括以下两方面的内容：

（1）对考核工作质量的评定，主要包括：①评定考核组考核工作的程序是否符合考核规范和考核计划的要求；②评定考核的内容是否覆盖《规范》的全部要求和所申请的全部检定、校准与检测项目；③评定考核组考核资料是否齐全，每项考核要求是否有客观证据予以证明；④被考核单位对考核组的意见和反映。

（2）对考核结论的评定，主要包括：①评定考核组的考核结果是否客观、公正；②评定考核组提出的予以通过的检定、校准和检测项目的技术指标是否科学、准确。

2. 评定后的处置

经过评定，考核组的工作质量和考核结论符合规定要求的，对其提交的考核报告予以认可；如评定发现考核组的工作质量或考核结论不符合规定要求或被考核机构对考核结论存在异议的，组织考核的政府计量行政部门应对存在的问题或异议组织调查。在问题或异议被排除或被纠正后，对考核结果再次组织评定。

经现场考核和整改后已能满足要求，且申请考核项目已确认合格的，将批准颁发计量授权证书和印章。授权证书必须附上"经确认的检定项目表"、"经确认的校准项目表"、"经确认的商品量及商品包装计量检验检测项目表"、"经确认的型式评价项目表"、"经确认的能源效率标识计量检测项目表"以及"证书报告签发人员一览表"，这六个项目表由组织考核部门根据考核结果材料整理打印，连同计量授权证书一起颁发。经评定，确认现场考核不符合或经整改仍不符合的被考核机构则不予授权。

3. 证后监督

（1）证后监督的必要性。证后监督是政府计量行政部门对法定计量检定机构考核的重要组成部分。对取得计量授权证书的法定计量检定机构，政府计量行政部门进行持续的监督，既是保证考核工作的有效性和授权证书的可信性的重要措施，也是保证所有被授权机构持续满足《规范》要求，并促进法定计量检定机构质量管理体系不断改进及计量检定、校准和检测水平不断提高的重要的外部条件。

（2）证后监督的实施。

第一，监督检查。

首次监督检查。首次获得计量授权证书的机构，自授权之日起在不超过一年时间内应受到第一次监督检查。监督检查由批准授权的政府计量行政部门负责组织。第一次监督检查必须组织考核组进行现场检查，其考核要求和考核程序与首次现场考核相同，也要编写考核报告。经现场检查证明机构仍能满足《规范》要求，则继续保留对机构的授权，否则将取消对该机构的授权，收回计量授权证书和印章。

监督检查间隔的确定。对保留授权资格的机构，应根据首次监督检查的结果，合理地确定时间间隔。如果监督检查结果表明，该机构已建立的质量管理体系能持续有效地运行，并不断完善；技术能力能继续保持，并不断提高；能积极参加实验室之间的比对，而且结果都令人满意，对这样的机构可以适当拉长至下一次监督检查的时间间隔，如两年或更长。如果监督检查结果表明，该机构在首次考核以后明显放松要求，管理体系运行不稳定，对这样的机构需要缩短监督检查的时间间隔，并增加监督检查的频次。总之，要根据被授权机构的实际情况合理地确定监督检查的频次和监督检查的范围与深度。一般在授权证书有效期内至少进行一次监督检查。

监督检查结果的处理。每次监督检查的结果处理，与第一次监督检查结果处理一样，即符合《规范》要求的保留授权资格，不符合《规范》要求的取消授权资格。

日常的监督检查。除正式的按计划规定时间进行的监督检查外，政府计量行政部门还将不定期地组织对法定计量检定机构的抽查，或根据顾客的投诉安排专门的检查，或要求机构就某些问题提供书面汇报等。这些监督检查活动都是为了保证法定计量检定机构的公正性、权威性，被授权机构有义务接受监督检查并认真对待。

第二，到期复查。计量授权证书的有效期最长为 5 年。计量授权证书有效期满前 6 个月，机构应按规定向批准授权部门申请复查，复查的申请和考核程序与首次考核相同。

第七章 计量管理的信息化发展与建设

第一节 计量信息化工作及网络建设

一、计量信息化工作

计量信息化是科技情报（信息）工作的一个重要组成部分，也是计量系统工程中一个不可缺少的子系统。那么，什么是计量信息，什么是计量信息化工作，应该如何做好计量信息化工作呢？这是开展计量信息管理工作必须首先解决的问题。

（一）计量信息

计量信息指计量范畴内，以各种方式（如口头的、电子的、实物的、文献的等）进行传递交流的科学知识。依据计量信息文献特征与出版形式，可以分为下列四类：

1. 计量图书

计量图书是指中国质检出版社及其他正式出版机构出版的有关计量方面的图书及其电子文本，它们具有系统性、综合性等特点，如：①计量管理与技术方面的教科书；②计量科普读物；③计量技术或管理手册等工具书；④计量法规、文件汇编；⑤计量论文集和会议文件等。

2. 计量期刊

计量期刊是指国内外各计量机构定期或不定期发行的连续出版物，又称计量杂志。我国目前主要的计量期刊有：①《中国计量》；②《工业计量》；③《计量学报》；④《计量技术》；⑤《上海计量测试》；等等。

还有很多与标准、质量综合在一起的期刊，如《中国质量》《标准科学》《中国标准化》《中国技术监督》《中国质量报》等也是很重要的计量信息来源。

3. 计量规程与规范

我国各级计量部门发布出版了一系列的计量检定规程和计量技术规范，它们既是计量工作的技术依据，也是十分重要的计量情报。主要包括：①国家计量行政部门制定发布的计量检定规程、计量校准规范和管理规范；②各行业计量部门制定、发布的部门检定规程与管理规范；③各省（自治区、直辖市）政府计量行政部门制定发布的地方检定规程、校准技术规范；④企业制定的企业计量器具检定规程、校准方法等。

4. 其他计量出版物

如计量器具产品使用说明书、操作手册、计量专利文献、计量学术报告与论文、计量科普影视片等。

（二）计量信息化工作内容

计量信息化是根据计量事业和国民经济发展的客观需要，有目的、有计划、有组织地对记录计量活动具体事实与成果的信息（主要是计量文献及与计量有关的科技情报）进行收集、加工、贮存、研究、分析、报道，以促进计量信息的社会交流和传播利用，从而达到推动计量事业发展，推动科技进步和经济快速发展的目的。这就是计量信息化工作的全部内涵。

从上述计量信息化工作的含义可以清楚地看到以下内容：

第一，计量信息化工作是建立计量系统工程的一个重要环节。计量信息化工作与计量科研技术、计量管理共同构成现代计量系统工程的三个子系统，并且计量信息化工作系统还是计量管理必不可少的信息资源。当然，计量管理、科研与技术活动的开展也能提供更多的计量信息。随着计量工作的深入开展，作为记录计量活动的信息也会不断地涌现，面对来源广泛、种类繁多、数量庞大的计量信息资料，只有迅速地建立一个专门的计量信息系统，培训一支专门的计量信息队伍，才能满足计量事业发展的客观需要。

第二，准确、及时、完整地收集、整理、加工、分析、报道计量信息是计量信息化工作的主要工作。因此，要不断探索和掌握其客观规律，不断提高我国计量信息化工作的水平。促进和推动我国计量事业发展，推动我国科技进步和经济建设快速发展，是我国计量信息化工作的根本目的。

（三）计量信息化工作的方针和任务

我国计量信息化工作的主要任务包括：①广泛收集国内外计量科技文献资料，进行分析研究，编写资料，加以报道，开展文献查阅、检索、咨询服务；②围绕计量管理和计量测试研究任务，开展信息分析研究，提供方向性、政策性的信息分析报告，为领导机关决策工作服务；③编辑出版发行有关计量技术和计量管理等方面的刊物和资料；④制作声像资料，摄制和播放计量录像，举办计量展览，宣传普及计量知识；⑤协调全国计量信息化工作，组织建立全国计量信息网，开展信息交流活动；承担国际计量信息资料的交流工作。

二、计量信息网络建设

（一）政府计量业务信息系统

国务院计量行政部门会同信息中心依据《计算机软件开发规范》，结合计量行政管理的实际需要，建立了计量业务管理信息系统，以详细、准确、快速地采集和处理计量业务数据，实现规范科学的管理。

1. 系统概述

建立全国计量业务管理系统，录入数据或从省、市、县收集数据，使采集到的数据详细、准确、快速；对数据进行分析、审查、组织考核，考核通过的发放证书；在数据积累的基础上对数据进行统计、汇总、分析、下达和处理，以供决策，实现规范科学的管理。

2. 法定计量检定机构管理系统

（1）功能描述。法定计量检定机构考核管理：法定计量检定机构提出考核申请，经计量管理处审核，证明该机构具有检定、校准/检测某些项目的能力，对考核通过的计量检定机构进行授权（发放证书）。国家市场监督管理总局接收省级考核通过的法定计量检定机构信息。

（2）基本设计概念和处理流程。接收法定计量检定机构提出的考核申请及相关申请材料，将各种申请信息入库存档，根据申请信息进行审核，对通过考核的计量检定机构填写证书信息，打印证书；统计证书发放情况。在网络畅通的条件下，通过 MQ 数据传递；网络不通的地区，通过物理媒介报盘，接收省级考核通过的法定计量检定机构信息，掌握全国法定计量检定机构情况；下发国家质检局考核通过的法定计量检定机构信息给省（市县）。

（3）法定计量检定机构管理系统。法定计量检定机构提出考核申请，经计量行政管理部门审核，证明该机构具有法定的检定、校准/检测某些项目的能力，对考核通过的计量检定机构进行授权（发放证书）。国家局接收省级考核通过的法定计量检定机构信息。

（二）国家计量基标准资源平台

在科技部、财政部、国家市场监督管理总局的政策指导和监督管理下，由中国计量科学研究院牵头，联合全国省（直辖市、自治区）计量技术机构和部分行业技术机构等，按照"整合、共享、完善、提高"的原则，以需求为驱动，以资源整合为主线，以共享为核心，以提高资源利用效率为目标，建立了国家计量基标准资源平台，共同开展该计量平台的建设、运行和服务。它是国家科技基础条件平台建设的重点项目，为规范该计量平台的建设、运行和服务，制定《计量平台管理办法》，规定了平台宗旨目标、工作原则、组织管理、主要任务、运行服务、开放共享、经费管理、绩效考核等方面的内容，是平台组织和实施管理的主要工作依据。另外，为规划信息资源的整合、采集、整理和加工，建立严格的资源准入和数据审核制度，制定各类信息数据加工细则等技术规范，保证所提供资源的科学、安全、准确、真实、有效。

第二节 计量技术机构的信息化发展

一、计量技术机构工作特点

计量技术机构的工作中，样品的传递和交接信息、样品的运输和存放信息、客户需求信息的传递、样品的检定和校准过程、检定和校准数据的采集、检定和校准的记录、证书报告的编制、证书报告的发放、证书副本的存储、收费信息、样品和证书等各种状态的查询，这些工作本身就具有强烈的信息化特征，计量技术机构的特点决定了这个行业具有强烈的信息化需求和动力。"计量技术机构作为信息产生、处理、分析、判断的重要一环，必须成为利用信息技术有效提升工作的一个引领者。"[1]

二、计量技术机构信息化发展方向

我国计量技术机构已经走上了信息化发展之路，同国内其他行业的信息化整体水平相比，我国计量技术机构基本处在信息化建设的中上水平。但是，计量技术机构的信息化仍有很大的发展空间，需要继续在大数据、物联网、人工智能、云计算等方面开展信息化应用，主要有以下发展方向：

（一）信息安全

包括网络安全和数据安全，需要开展风险评测，确保网络和数据的安全，并有效遏制虚假证书。

---

① 张中杰，郭名芳，王阳阳，等. 计量技术机构信息化发展探析 [J]. 中国计量，2021（12）：45.

（二）信息化普及

进一步扩展工作记录、档案信息化，逐步减少使用纸质签字记录。

（三）大数据

计量技术机构办公或业务系统进一步挖掘、提取、采集各种工作相关数据，达到数据互联，有效提取，形成一定规模的数据量。同时需要对产生的所有数据进行深入挖掘，提出分析利用大数据的思路、方法，为单位的发展、决策提供依据。

（四）物联网

需要建设物联网，逐步把样品和计量标准、车辆、门禁等设备并入物联网管理，进一步采用如数据的自动采集、远程检定和校准、远程控制、机器视觉等方面的信息化技术，减少人工干预和输入，提高工作效率。

（五）人工智能

利用人工智能，把不易直接使用数字化计量标准的标准检定和校准数据转化为信息化的数据，其次也需要利用最新人工智能技术，把不能数字化采集样品的检定和校准结果数据，转化为计算机可以采集、传输、处理的信息，最终为大数据的人工智能分析提供可能。

（六）云计算

"云计算技术不仅能够有效强化数据处理、储存、传输、应用的质量和效率，也能够维持数据的安全性。"[①] 与传统网络计算服务模式相比，云计算具有存储能力强、服务多样化、计算能力强、服务方式灵活和安全性高等特点。通过虚拟化技术将多个服务器集群到一起，构建智慧计量云平台，实现多个计量信息化系统之间数据信息互通共享，并利用云计算强大的数据处理能力，对挖掘出的计量大数据进行快速分析、计算，为计量管理水平的提高提供技术支持。

三、计量技术机构信息化发展内容

（一）样品流转及处置方面

第一，推进记录及档案的电子化、物流 App 与业务系统的交互、现场样品收发凭证的

---

① 沈建国. 云计算技术在数据处理中的应用 [J]. 无线互联科技，2022，19（13）：129.

电子化、自动电子证书、图像记录、客户自助管理系统、仪器和证书邮递的信息化标识系统、仪器自助送取、证书自助提取、客户自助交费、电子转账提醒查询等功能建设。

第二，推进物联网，各种管理物品自动发送信息、智能仓储、数据自动采集系等功能建设。

第三，推进样品自动分拣、智能流转机器人、样品的自动交接等功能建设。

（二）检定、校准及检测方面

第一，推进各种记录的电子化、数据的自动采集和运算、数据的自动校核（取代人工数据校核）、自动生成证书、业务系统手机 App。

第二，推进检定、校准和检测数据信息的大数据联动及人工智能深入分析，远程视频监控检定或校准仪器。

第三，推进送检仪器的自动化检定、校准和检测，远程无人自动检定、校准、检测。

（三）质量管理方面

第一，推进质量记录及档案的电子化、质量管理流程信息化。

第二，推进证书质量抽查系统、人员资格管理及资格与工作的关联、人员监督视频化、质量档案管理系统等。

（四）科研项目管理

第一，推进项目计划制订、网络论证、进度管理、成果测评、资源优化、人员管理、财务监管等项目全过程管理。

第二，推进能根据科研情况分配管理经费和对科研设备和相关仪器使用情况进行分析的信息化功能。

（五）信息化科研发展

信息化本身具有一定的科学研究属性，所以信息化工作本身需要积极融入推动检测能力（维护、建设）提升的工作中，同时推进信息技术规范、标准的编制与推广、创新成果的专利申请与保护、成果转化。

（六）经费使用方面

第一，推进财务档案电子化、报销审批流程和制度的信息化优化。

第二，优化固定资产管理信息化。

第三，推动资金预算编制、预算执行、预算分析信息化。

第四，增加各种财务方面审核提醒、专项经费执行情况公示等功能。

第五，推动财务信息统计上报信息智能化。

第六，积极推进财务相关信息大数据的联合审核和风险分析及预警、财务运营状况的自动评估和预测等各种智慧功能。

（七）自动化办公方面

第一，建立组织管理体系，完善制度、文件、表格的查询、公示、下载等功能，增加分类管理通知、公示、宣传、学习交流等系统功能。

第二，建立办公手机 App，各种通知、处理等及时提醒、反馈查阅人员。

第三，建设车辆管理、会议管理、图书管理、调查问卷（投票）、印章管理、计算机管理（计算机设备及耗材、计算机日常优化管理）、合同管理、事项申请、公文流转、请假管理（含对接）、值班排班等信息化功能。

第四，推进设立视频会议、视频电话等功能。

（八）个人事务方面

第一，推动个人档案电子化，包括工作安排、任务追踪、任务提醒等功能建设。

第二，推动通信录、信息留言、通话、数据存储云盘、每天工作时间、工作台件数、出差位置、里程、工作时间等各种功能建设。

（九）人事管理方面

第一，推进人事记录、培训、能力、资格、档案的信息化、数据化。

第二，推进考勤、请假、出差、培训等信息与财务审批对接。

第三，推进人员设定目标任务的完成进度追踪，逐渐达到绩效按照工作情况自动分配。

第四，逐步推进培训组织信息化、职称晋升考评信息化、工资晋升考评信息化。

（十）机构运行发展信息方面

第一，推进机构总体收入和总体成本的智能分析预测功能。

第二，推进各个部门的收入和成本的智能分析预测功能，对各个部门成本的分配组成进行统计分析。

第三，推进单位总体任务的进展情况统计、分析、预测，以及每个人的任务进展情况统计、分析、预测。

（十一） 信息安全方面

第一，建立完善的网络和数据安全保护机制，防止外部攻击、窃取、修改，保证数据的安全。

第二，建立数据的保密机制，即使数据丢失、被盗，没有密钥仍不能被解读。

第三，建立明码和密码两种方式，对内部需要加密保存的数据，只有知道口令或权限的人员才可以解读，即使是机构内信息维护人员也不能解读。

第四，建立访问日志，对所有访问、修改的行为均留下记录，以便事后分析、追责。

（十二） 大数据建设方面

建立机构的大数据处理中心，深入挖掘机构及外部机构的有关信息，建立人工智能分析系统，预测机构发展方向及相应措施。

第三节　计量管理的信息化技术应用及提升

一、计量管理中应用的信息化技术

（一） 计算机网络技术

计算机网络技术是通信技术与计算机技术相结合的产物。计算机网络按照网络协议将分散、独立的计算机相互连接，以实现资源共享和信息传递。计算机网络技术的应用，使计量数据的共享、实时分析、处理得到有效实现，可促进计量工作效率及质量的提升。

（二） 数据库技术

数据库技术是通过研究数据库的结构、存储、设计、管理以及应用的基本理论和实现方法，并利用这些理论来实现对数据库中的数据进行处理、分析和理解的技术。随着数据库技术的进步和发展，目前数据库技术已成为计算机信息应用系统的基础及核心，在各行业领域中广泛应用。在计量工作开展过程中，主要是对大量的计量器具信息、测量数据进行处理分析，仅依靠人工进行处理，有易出错、效率低、保存及查询不方便的缺点，数据库技术的发展，可使大量计量数据的组织、管理工作效率得到有效提高。

（三）虚拟仪器技术

虚拟仪器技术就是利用高性能的模块化硬件，结合高效灵活的软件来完成各种测试、测量和自动化的应用。虚拟仪器技术能够使计量仪器的电子化及自动化得到有效实现，且该项技术是基于图形处理技术、数字信息处理技术、智能测试技术、高速专用电路制造技术发展起来的新兴技术，和传统计量仪器比较，采用虚拟计量仪器技术建立自动测量系统，在一些项目实际测量工作开展中具有一定的优势。虚拟仪器技术已走进计量，它改变了传统计量仪器的物理结构，成为计量仪器新的一员，必将促进计量工作的变革和进步。

二、计量管理的信息化技术应用要点分析

从信息化技术在计量管理中应用价值的体现角度考虑，应掌握其应用要点。总结起来，具体应用要点如下：

（一）在质量控制中的应用

计量检测结果的准确性、有效性受多方面条件的影响，如仪器设备状态是否正常、依据的计量技术依据是否正确、操作人员的技术水平是否达到要求、环境条件是否满足要求、计量过程控制是否有规范的质量控制程序等，所以，要想得到可靠的计量检测数据，必须依靠规范的质量控制管理来保证。总的来说，质量控制信息化模块应包括以下几个基础信息库。

1. 仪器设备基础信息库

计量仪器设备的信息包括：设备的基本信息、计量溯源信息、设备的图文信息、采购信息、保养信息、使用记录等。基于数据库技术对仪器设备相关信息进行存储管理，并采用二维码技术设计相应的信息化设备管理标签，既可以满足技术规范对计量仪器设备管理的要求，同时也可实现对计量仪器设备的精准、动态维护管理。

2. 技术依据信息库

技术依据信息库主要对开展计量检测工作所依据的技术资料进行管理，以确保技术依据受控且有效。在实际应用中，证书的出具需要调用技术依据的相关信息，同时，也需要经常性地查阅技术依据的具体内容，因此，采用数据库存储技术，将技术依据的信息和技术依据的电子版进行存储，采用网络技术实现对技术依据的在线查询、下载，可有效降低重复录入技术依据信息的差错率，实时在线查询技术资料，提高工作效率。

3. 人员资质信息库

人员资质信息库主要是对计量技术人员可从事的计量检校项目进行管理，确保有资质

的人员方可开展相应项目的检校工作。如：在证书编制中，通过数据库比对控制，无相应项目的检校人员不能够出具无检校资质的证书，可实现对人员可开展项目的精准控制，强化了对人员的内部管理。

（二）在流程管理中的应用

将计算机信息技术应用于计量业务流程，可实现对业务数据的实时传输、共享，通过对委托单号、条码标识、流转单等进行优化分配，有效提高工作效率。如，计量检校业务流程主要涉及委托业务受理、样品流转、记录编制、出具证书、三级审核、记录证书入库、证书出库等流程，基于数据库技术和网络技术，将流程关键节点的状态信息、操作日志等实时反映在各流程节点中，可有效提高工作效率。

（三）在计量数据处理中的应用

在计量检测过程中，需要对大量的测量数据进行计算处理，信息化技术的发展，使对检测数据、业务数据等的快速计算、分析、统计得到有效实现。合理利用分析统计结果，可为计量管理提供有效的数据支持。

（四）在档案管理中的应用

对档案进行合理的编目、分类并形成档案管理信息库，可实现对相关计量管理档案的快速检索及查阅，有效提高档案管理工作水平。

（五）在仪器检校中的应用

虚拟仪器技术是开发自动测试系统的先进技术，是现代计算机技术和仪器技术深层次结合的产物。基于虚拟仪器技术开发自动检定系统，充分利用计算机的运算、存储、回访、显示及文件管理等智能化功能，按照计量技术规范对仪器检校项目的技术要求，控制计量标准器完成相应的测量，并读取测量数据，然后运用数据库技术来对测量数据结果进行处理，从而实现对计量器具检校的自动化。虚拟仪器技术在一些特定计量仪器测量中具有一定的优势，可减少人为读数的误差，减少大量的计算工作量，可大大提高计量检校的工作效率。需要注意的是，采用虚拟仪器技术开发或采购自动测试系统，在投入使用前应对各项测量参数、结果进行符合性验证，经严格的质量控制审核后方可投入使用。

三、利用信息化技术提升计量管理水平的策略分析

结合上述分析不难发现，利用信息化技术，可以有效提升工作效率，促进计量管理水

平的提升。

（一）连通相关模块数据库，提高工作效率

从计量综合管理角度出发，应用 net 技术将 oracle 等各类功能模块数据库利用统一的检测一体化平台进行连通，实现数据库信息的调用和共享。如将质量控制模块的基础信息库与证书记录模块连通可以实现在编制证书时直接调用需要用到的量具信息和技术依据，可避免重复录入，减少差错率和提高工作效率，同时也便于质量控制模块中器具库、技术依据库的集中维护管理。

（二）采集流程数据信息，提升业务管理水平

对于流程数据信息来说，涉及的功能模块数据库较多，应利用信息技术合理采集各类关键流程节点的操作日志、流程状态信息，实时获取关键节点的要素信息，实时、准确、全面地掌握业务运行情况，发现问题及时进行干预，同时为客户提供更加精准的计量服务，提升业务管理水平。如：对窗口工作人员来说，通过流程数据信息的查询，可以实现实时对业务流程状态进行查询，从而使窗口服务效率得到有效提高。

（三）构建"互联网+检测"平台，打造一站式服务平台

1. 信息查询服务

基于检测一体化平台，借助二维码技术、网站等，实现检校进度查询、报告真伪查询、可开展项目查询、收费标准查询等。实际应用中，二维码技术使用方便、快捷，在委托单上增加进度查询二维码、在证书上增加真伪查询二维码使用效果较好。针对可开展项目查询、收费标准查询、业务流程查询等查询需求，可利用网站向客户开放查询服务。

2. 电子证书报告服务

计量电子证书是加盖了经数字权威机构认证的电子印章的证书，其效力等同于纸质证书。电子证书报告的优点包括：①便捷度高，流通性好，易于数字化管理；②可下载，可随时查阅；③可节省纸张、打印、装订、盖章等证书制作的人力成本。证书报告的电子化是改进服务方式、提升服务质量的重要举措。

3. 数据分析功能

基于业务流数据、检测数据、基础支撑数据，可按年度、行业、片区、器具种类、台件数等进行汇总分析，为下年度技术机构制订工作计划提供可靠的数据支持。

第四节　大数据时代计量监管工作的信息化建设

一、大数据梗概及其发展与应用

在互联网发展过程中出现了很多衍生产品，大数据就是其中应用范围较广的一项。在互联网技术的支持下，大数据移动应用技术日趋完善，与其关联的基础设施数量在不断攀升。企业大数据的存在，是为了让更多的用户发现企业的产品，并且能够为企业发展起到推动性作用。所谓大数据，是传统技术无法采集和存储的海量数据，其管理与分析工具也不是传统软硬件工具能够满足的，可以将它看作是超越了传统数据库的另一个海量数据库系统。

二、大数据技术在计量监管方面的应用方向

新兴产业不断发展，其安全问题逐渐显现，移动互联网安全网络安全是当前社会发展的严重问题。大数据时代的发展使人们能在大量的数据中快速分析他们需要的信息。随着互联网飞速发展，一些不良信息严重影响了和谐社会的发展。

三、积极进行计量监督，提高工程施工质量

建设工程质量监督工作的信息化建设是促进工作质量的监督助推器。然而，长期以来，中国工程建设质量存在一定的问题，为了提高企业建筑施工的质量，需要加强计量工作。将工程施工信息公开，保证施工的安全。计量工作的目的就是提高施工质量，为使项目建设更加透明和公平须进行目标管理、预测和控制，要求各方主体施工的责任和相关单位进行施工工作质量的评估。

四、建设工程项目方式与其信息化监理方法

（一）建设工程信息化监理需要解决的问题

从宏观角度分析建设工程质量监督信息技术所要解决的问题，需要明确以下关键点：

第一，以理论为基础，落实监督检查工作，监督建设工程中的各项程序是否符合标准化，对其工作内容与工作态度进行监督管理。另外，对于建设工程的分项，在落实建设工程质量监督信息技术时，需要以国家与住房和城乡建设部的质量规范、验收准则为基础，在遵循相关规定的基础上制定合理的指导与监理工作内容。

第二，找出有效的方法。当前建设工程监督检查标准流程的应用中存在一些问题，这些问题的解决需要一些有效的方式方法，比如嵌入式软件系统的推广、平板电脑系统的应用以及多元化移动客户端的普及等。

（二）建设工程信息化监督职能规范化

现阶段，相关部门正在大力推行电子政务、政务公开、统一标准、行为规范，以此才能健全和完善当前政府服务的系列职能。以此为背景分析建设工程质量监督管理，能够看出政府对其产生的强化作用，用以提升各阶段建设工程质量监督管理工作的整体水平，政府不仅能够向社会单位提供服务，更能够将工程质量事故从源头掐断。建设工程的安全质量信息管理系统，是由基础的硬件设施与完善的软件功能所构成的，在系统中信息能够得到有效传输，能够有效接收相关工作人员采集的信息，同时可以划分监督管理工作任务等。

（三）建立数字化监测机构

积极发展和实施政府对计算机软件使用的监督管理，提高监督企业的技术含量，打造"数字监督机构"。在该机构积极运用市场化手段，研发的"建设项目中的数据"实现的电子版效果如下：降低施工企业的建设成本，提高企业的市场竞争力；通过互联网"电子签名"等现代信息管理手段，大大缩短企业内部的技术文档循环时间，提高了企业的工作效率；促进和规范城建档案信息化管理规范，同时也在一定程度上杜绝了"欺骗"行为竣工数据。

五、建筑节能提高监管质量

（一）注重管控设计阶段的质量

它决定了工程设计和节能建筑的施工质量，所以一定要注意建筑公司建筑设计。施工工程师应深入现场，实地勘察，把握企业设计愿景，合理、科学地按照节能要求、质检规划设计宏观规划。建筑与环境工程进行之前，设计和施工单位应反复测试图纸，监理单位应对节能项目进行连贯控制、合理审查。在施工过程中，施工单位不得擅自改变节能设计，比如在某些特殊情况下修改节能设计，必须征求原单位的意见。

（二）严格把控节能材料的质量

材料品质能决定节能项目的质量。如果建筑材料不符合节能要求，势必给整个工程的节能效果造成影响。因此，施工单位必须注重质量管理和控制建材的工作。对于抗裂构配件、保温材料和锚具，在进入具体施工现场时，必须有相关部门的检验报告和产品合格证。此外，施工单位应注意节能材料的储存和保管，以避免节能材料因外界干扰降低或失去原有的质量。

（三）对施工过程进行监理

在整个施工过程中，有必要配备相应的管理监督员，并确保这些管理人员的自我素质，让他们对整个工程环节进行监督。在施工开始时，应审查材料、设备，以确保其符合节能标准；施工时，管理人员确保施工项目能够按期完成，并在施工过程中对施工人员的素质进行考核和监督，避免一些不良行为发生；竣工验收时，对各建筑物进行专项检查，检查其是否符合节能标准。

第八章 企业计量检测体系的建立与确认

第一节 计量在企业中的作用

"计量工作贯穿于企业生产经营活动的全过程，为新产品开发、原材料检测、生产工艺控制、产品质量检验、物料能源消耗、成本核算及责任制考核等提供准确可靠的计量数据。计量保证的重要作用就是通过对企业各种计量数据信息的形成、传递及其作用的管理，为产品的生产和经营活动提供一种担保。因此企业计量管理的措施越强、层次越深，计量保证的作用就越明显。"[①]

一、计量是企业发展的重要技术基础

企业生产、科研和经营管理中，计量是不可缺少的基础工作。它贯穿于企业的能源管理、物料检测、工艺监控、产品检验、环境监测、安全防护、计量数据管理及经营核算等方面。计量检测能力是衡量企业效益和质量水平的重要标志之一。随着计量科学技术的发展，无论企业开发新产品，还是采用新材料、新技术、新工艺，都离不开计量检测。因此，计量是企业科技成果转化为生产力的桥梁，是推动技术进步，提高产品质量，加速计量工作现代化，从而与国际接轨的重要技术基础。

二、计量是企业现代化管理的基本条件

企业实施现代化管理应当重视计量工作，建立完善的计量检测体系。用测量数据作为控制生产、指挥经营、进行决策的科学依据，才能提高企业管理水平，增加企业经济效益。没有检测手段，不用数据说话，企业发展就缺乏牢固的基础。当前，企业经营困难多，经济效益下降，其中一个重要原因是缺乏必要的计量检测手段，计量器具的配备不能满足测量要求，计量器具不按规定进行有效的溯源，造成测量数据不准、可信度差，直接影响生产成本的监测、过程的控制和成品的质量水平。推行企业现代化管理，计量是不可

---

① 何海静，孙瑛，孟宪增. 计量在企业中的基础作用 [J]. 企业标准化，2008（Z3）：23.

缺失的重要环节。

三、计量是产品质量的重要保证

随着现代企业的发展，从产品的原材料检验、元器件检测，到生产过程控制、工艺工装定位、半成品及成品检验，一系列生产过程的实现必须由准确可靠的计量检测数据提供保证。正是这些计量检测数据将生产的各个环节用定量的关系有机地联结起来，协调动作，从而使生产处于最佳运行状态。只有依靠各种数据指挥生产、监控工艺、检验半成品和成品，产品质量才能得到保证。

四、计量是节能降耗的重要手段

能源计量是企业生产控制、节能降耗的重要管理内容。加强能源计量管理，要推行先进的能源计量检测方法，选择科学的能源计量检测手段，合理地配备计量器具，确保在用计量器具的受控，保证能源计量数据的准确可靠，满足国家对企业节约使用资源和提高资源利用效率的要求。计量是节能政策制定、节能标准实现、节能控制管理的技术基础。靠计量检测取得能源消耗数据，用计量手段来量化能源消耗指标，按计量数据考核企业的节能降耗水平，使企业真正抓好节能降耗。

五、计量是企业经济核算的重要技术依据

以真实准确的计量检测数据为依据，加强对企业投入产出成本的核算管理，用可靠的计量数据控制生产经营活动，是企业领导科学管理的明智之举。经济核算是企业成本管理的主要方法，核算要以计量数据为准。企业生产经营中，生产成本需要控制，物料消耗需要统计，车间、班组要进行经济指标考核。企业对用于核算的计量器具科学配备，检测数据准确可靠，凭真实准确的数据才能真核真算，才能算真账、算硬账。对进厂原材料进行计量验收，对生产消耗进行计量监控，对出厂产品进行计量核算，计量工作贯穿企业生产全过程。只有加强了计量工作，才能使企业以低成本、高质量取得最佳的经济效益。

六、计量是安全生产和环境检测的必要保证

安全生产和环境保护是关系到职工人身安全与健康的大事，保证企业的安全生产监控和环境保护参数监测，依靠计量器具对可能危及设备正常运行的参数和造成环境污染的因

素进行监测，是企业安全生产、经济生产，保持持续经济效益的基本前提和必要保证。

第二节　企业的计量任务及工作内容

一、企业的计量任务

（一）学习、掌握、了解、贯彻执行国家计量法律法规

计量立法保障了计量单位制统一和量值的准确可靠，计量活动是国家经济发展和生产、科研、贸易、生活能够正常运行的社会条件。企业应当积极组织学习、掌握、了解、贯彻执行国家计量法律法规，提高企业自身的计量法律意识和法制计量观念，建立行之有效的计量管理规章制度，采用对企业有实效的计量工作模式，使企业计量工作和企业其他工作协调开展，这也是建设法制社会对企业的要求。

（二）正确使用法定计量单位

实施法定计量单位制度是国家依法定的形式把国家采用的计量单位统一起来，强制要求在我国境内各地区、各领域及所有公民按照统一规定使用计量单位的管理方式。法定计量单位是国家以法令形式强制使用或允许使用的计量单位。贯彻执行国家有关推行法定计量单位的命令及规定，是全社会的责任和义务。企事业机构在印制包装、说明书、铭牌、广告、合格证、票据，制定产品标准、工艺文件，填写账册、统计报表、原始记录，设计商品标注的标签、标识等文件资料时，要正确使用法定计量单位；在用的仪器仪表、设备装置必须采用法定计量单位；使用非法定计量单位的计量器具，应当进行改值；特殊情况下需要使用非法定计量单位的，应当经过国家有关部门的审批，防止国家计量单位制度的混乱。

（三）建立计量组织机构

计量组织是企业计量管理的重要基础，企业的计量机构要根据企业规模、产品特点等具体情况设置，企业计量机构应当是公司级职能机构。在企业计量主管领导指挥下，企业计量机构统一组织协调公司内各部门的计量工作，保证企业生产经营管理的有序性、统一性、准确性。因此，必须在企业建立计量管理体系，加强上下之间、各部门之间的密切联系，提高企业计量的影响力、执行力。

（四）注重计量技术管理

"随着现代工业的快速发展，计量技术已经逐渐地被各行各业所应用，并采取强制管理和监督。企业的计量技术水平直接关系到企业的整体水平，是企业竞争中的重要部分。"① 计量是集法制、技术、管理为一体的综合性管理工作，其中计量技术管理尤为重要。应建立企业计量标准进行量值溯源，合理配置企业计量资源，对计量数据进行确认，起草企业内部计量管理文件，制定计量技术管理程序。在原材料进厂、企业经营、新产品设计开发、产品生产加工装配、产成品检验、设备维护修理、售后服务等环节开展计量活动，都必须加强计量技术管理。

（五）开展计量数据监督

保证量值准确统一，除了管好计量器具，还必须加强对计量数据的监督管理。保证计量数据准确可靠是企业计量工作的核心，企业各项计量工作都是围绕这个核心进行的。科学地选择计量检测点，科学配置测量技术手段，正确采集计量原始数据，建立计量数据档案，对计量数据进行分析、监督，发现数据异常，及时排查分析，合理处置，采取有效措施，提高计量数据的可靠性，对提高产品质量，降低各种消耗，提高经济效益，增强企业活力，都有重要意义。

（六）推行计量现代化管理

现代化管理手段发展很快，企业对计量器具实施分类管理，对计量器具受控状态实行动态管理，对计量数据的采集、传输、分析、控制，都离不开机电一体化、自动化手段。计算机技术在计量方面的应用，计量控制集成化的推广，在计量管理中采用计算机技术，都建立在计量技术手段现代化的基础之上。企业计量管理要保持生命力，必须采用现代管理手段。

（七）提高计量人员素质

人员素质的高低，决定计量工作效果。建立、培养和造就一支懂计量、会管理、通法律、晓技术、高素质的计量队伍，才能搞好企业计量工作，适应企业产品升级、技术进步、计量管理水平提高的需要。

---

① 沈洋，王宿嘉. 浅谈企业计量工作的模式探索与创新［J］. 中国新技术新产品，2015（23）：158.

二、企业计量工作内容

（一）科学设计计量检测控制点

企业要根据计量法律法规的规定、顾客的需要，结合本企业的生产特点控制测量过程。计量检测点的科学设计是企业计量检测体系建设的重要环节。为达到预期的测量目的，应收集、掌握有关测量过程活动实施的资料、资源、背景、要求及特点，明确计量要求，根据计量要求和本企业的生产经营特点以及产品加工和物资流向，确定需要采用测量设备进行测量控制的检测点，保证每个测量过程都能得到经济合理的测量资源。

对于关键、复杂的计量检测点，最好编制测量设备选配分析表，以考察、验证测量设备的计量特性指标与被测量参数匹配的合理性、科学性。

（二）配置经济合理的计量检测设备

1. 能源计量检测方面

要按照用能涉及的种类、范围，实施能源分配与消耗中的计量监管，掌握企业在生产工艺、用能流程、用能设备运行效率、用能平衡、单位产品资源消耗、耗能污染排放等方面的情况。重点耗能企业应当配备可靠的计量检测手段，开展节能技术检测。

能源计量用测量设备的配置必须按照国家强制性标准《用能单位能源计量器具配备和管理通则》的规定执行。

2. 工艺及质量检测控制方面

工艺及质量检测控制包括原材料进厂检验、生产过程工艺参数控制、产品质量检测、生产安全和环境检测四个方面。

（1）原材料进厂检验的测量设备配备。原材料进厂检验包括对原材料、辅料、外购件、外协件（包括零部件、组件、器件等）的质量检测。应按照本企业对原材料、辅料、外购件、外协件规定的被测参数选择配备相应的测量设备。

（2）生产过程工艺参数控制的测量设备配备。生产过程工艺参数控制是指对工艺过程中的各种物理量、化学量、几何量的控制检测。应根据设计的工艺控制参数要求、需要的测量效率、被测对象材料特性等选择配备相应的测量设备。

（3）产品质量检测过程的测量设备配备。根据产品所执行的技术标准中规定应测量的物理量、化学量、几何量等参数，科学、严格、合理地选择与产品质量检测参数相适应的测量设备，这是企业计量检测体系中的重要管理内容，是企业对社会负责、对自己负责、对用户及消费者负责的需要。

（4）生产安全和环境监测测量设备的配备。为了监控、预防、治理、消除企业在生产过程中的安全隐患及污染源，必须配备相应的生产安全及环境监测测量设备。其配备范围一般包括：监测安全生产方面，如压力容器、管道压力的监测，生产场所中易燃、易爆、有毒、有害的液体、溶剂、气体的成分或浓度的监测；环境监测方面，如生产所排放的废水、废渣、废气中有害成分的监测，生产环境的噪声及粉尘的监测等。

3. 经营管理方面

（1）对于物料进出厂、原材料消耗、半成品流转及定额发料测量设备的配备要求。

第一，对于大宗物料进出厂，可根据物料的吞吐量大小、物料特性，配备与吞吐量相适应的称重计量器具，如轨道衡、地中衡、台秤、流量计等。

第二，对于量少但贵重的物料产品进出厂及定额发料及消耗，可配备与其测量准确度及测量范围相适应的工业天平或精密天平。

第三，对于木材和低值建筑材料（如灰、砂、石等）进出厂，可配备相应规格的卷尺进行检尺量方，也可以配置衡器称重测量。

第四，对于轻纺行业用的原材料，如毛料、布料、化纤、皮革、人造革等进厂，可配备相应规格的钢卷尺、钢板尺、厚度计、面积计等计量器具。

第五，对于液体或气体物料，采用管道输出（出厂）时，可配备相应测量范围及准确度等级的液体或气体流量计。

第六，金属型材进出厂应配备衡器进行称重，在无法负重测量的情况下，也可以配备相应的卡尺、钢卷尺等长度计量器具，采用量方手段间接测量，再计算出物料重量。

（2）对于物料进出厂及消耗流转和定额发料用测量设备最大允许误差的要求。

对于物料进出厂及消耗流转和定额发料用测量设备，其最大允许误差与被测量参数的允许偏差之比应当保持在 $1/3 \sim 1/10$，根据计量要求和经济效益综合考虑后选择确定。

（三）抓好测量设备管理

1. 选型

企业应选择满足预期使用要求的测量设备。测量设备除严格遵守策划设计时所确定测量设备的计量特性外，应选择具有良好信誉、价格合理、产品质量可靠的生产厂商。选择时至少应明确所采购测量设备的计量特性、生产厂家、用途。

2. 采购

企业计量部门应审查测量设备的采购计划。对制订的采购计划要从法制管理要求和专业技术两个方面审查把关。审查的内容主要是看欲采购的测量设备是否符合配备策划的计量特性，是否取得国家制造计量器具许可证，该型号测量设备本企业是否有库存。

3. 验收

购进的测量设备，企业计量部门应对其进行验收，办理合格的入库手续。对于验收合格的测量设备，计量部门应建立档案和台账，纳入统一管理的范围。不合格的退回采购部门进行退货处理。

4. 贮存

对于库存的测量设备，应分类摆放、规范贮存在合适的环境中。有些测量设备对防尘、防震、防腐、温度等有特殊要求，应采取相应措施满足贮存条件，以免造成测量设备的损坏。

5. 发放

应采取相应的控制措施，确保发放出库的测量设备都能够实现动态控制。如：使用部门需要领取时，填写领用申请报计量部门批准，仓库凭批准的申请单进行发放等。发放时如发现测量设备已超过有效期，必须重新进行溯源后方可发出。

6. 使用和保管

加强使用人员对测量设备使用操作技能的教育培训工作，确保测量设备的正确使用。对于在用测量设备，应规定责任保管人，明确保管职责要求，提高测量设备的利用率和完好率。从制度上保证所有在用测量设备能够受控，防止在工作岗位上使用不合格测量设备。应制定正确使用、维护、保养测量设备的管理办法，提高在用测量设备的合格率。

7. 标识管理

对企业在用测量设备采用确认标识是科学管理的常用方法。确认标识是计量确认、检定/校准结果简单而明了的证明，是反映测量设备（计量器具）现场受控状态的一种比较科学直观的方法。

标识的内容主要应包括：①确认（检定、校准）的结果，包括确认结论、使用是否有限制等；②确认（检定、校准）情况，包括本次确认时间、下次确认时间、确认负责人等；③如企业采用测量设备 A、B、C 分类管理办法，可在备注栏上适当注明；④备注也可以注明需要特别加以说明的其他问题，如测量设备一部分重要能力没有被确认；⑤有些企业为便于管理，在标识中还增加了其他内容，如统一编号等，具体内容应由企业程序文件做出规定。

每个标识的出具都要有足以证明标识填写内容的依据资料。标识一般采用红、黄、绿三种颜色，结合 A、B、C 分类实施管理。标识的采用形式可以由企业根据需要自行确定。

8. 降级、报废与封存

对于经检定或校准，确认计量性能降低，但降级后仍可用于其他测量活动的测量设备，可以进行降级处理。对于无使用价值的测量设备，可以进行报废处理。需要封存停用的测量设备，可由使用部门提出申请，报计量部门审批后进行封存处理。

（四）开展计量数据的监督管理

计量数据采集和管理是生产过程不可缺少的重要组成部分。

1. 计量数据管理范围

企业的计量数据贯穿于企业生产、经营管理的各个领域、各个过程，情况复杂，数据繁多，而各种数据的重要程度又各不相同，应先抓住重点进行管理：①物资管理方面的大宗物资和稀有、贵重金属物资计量数量；②能源管理方面的主要能源计量数量；③工艺和产品质量方面的主要和关键计量检测参数；④强制检定计量器具检测的主要计量数据；⑤控制产品内在质量方面的物理量、化学量、无损检测计量数据。

2. 计量数据管理方法

（1）制定企业计量数据管理制度。

（2）培训检测人员。

（3）现场考核。

（4）定期监督。

3. 计量数据管理内容

（1）企业计量数据的采集。

（2）计量数据的分析和处理。

（3）计量数据的控制和反馈。

第三节　企业计量检测体系的评价

企业应当根据生产、经营、科研、管理的需要建立计量检测体系。大型企业可以参照国际标准、国外先进的管理模式建立、完善企业计量检测体系，建立依法自主管理机制，逐步与国际计量通行做法相一致，发挥企业现有计量资源的作用，增强企业计量保证力，提高企业市场竞争能力。中小企业应当学习先进企业的计量工作经验，采用科学的计量管理模式，加强计量的科学投入，配备与生产、经营相适应的计量检测手段，加强生产工艺过程的监控和成品的质量检测及能源、物料的计量监管，使企业的计量检测能力和计量管理措施能满足企业需求。

一、企业计量检测体系的评价形式

（一）完善企业计量检测体系

为了帮助企业计量工作适应社会主义市场经济，建立现代企业制度，按照《测量管理体系测量过程和测量设备的要求》国际标准，国家开展了帮助企业建立和完善计量检测体系的工作。在企业自身需要的基础上，采取由政府部门指导、帮助、监督、评价的方式，引导企业完善计量检测体系，推行先进的管理模式，推动企业建立依法自主管理的机制，增强企业的市场竞争力。

（二）计量合格确认

为了尽快改变大多数中小型企业计量技术条件不足、管理薄弱的状况，原国家质量技术监督局要求各级政府计量行政部门根据企业计量中存在的问题制订行之有效的帮助、指导、监督、服务计划，在自愿的基础上，指导企业建立计量检测体系，按照中小企业计量保证能力评定规则，以省级计量行政部门为主体实施计量合格确认评审活动，逐步提升企业计量保证能力。

（三）定量包装商品生产企业计量保证能力评价

定量包装商品生产企业计量保证能力评价也称为"C"标志认证。为了鼓励定量包装商品生产企业严格遵守国家关于定量包装商品净含量允差的规定，21世纪初，国家市场监督管理总局发布了《定量包装商品生产企业计量保证能力评价规定》，按照国际通行做法对我国定量包装商品实行"C"标志管理制度，以省级计量行政部门为主体开展定量包装商品生产企业计量保证能力评价活动。

二、企业计量检测体系的评价效力

国家计量行政部门以政府认可的形式证明：取得了完善计量检测体系确认证书或者计量合格确认证书的企业，其建立的计量检测体系适用、有效，满足计量法律法规的要求，是获证企业计量检测体系有效性、符合性的证明，是申请取得产品生产许可证计量水平的证明，是申请参加质量荣誉评定计量水平的证明，是具备出具产品合格证的检测能力证明，是具备接受产品检测委托资格的证明。

三、企业各项计量评价活动之间的关系

企业计量管理工作涉及内容比较广泛，目前根据特定对象开展的计量管理工作主要包括完善计量检测体系、制造计量器具的管理、能源计量管理以及定量包装商品生产企业计量保证能力评价。这些计量确认、评价都属于计量管理范畴，是国家计量行政部门根据法律法规、政策制定的企业计量自我约束和外部评价。

企业在施行相关计量管理工作时，可以把它们融为一体进行统筹考虑、有效管理，以便降低管理成本，充分利用资源。例如：一个计量器具生产厂或定量包装产品的生产企业，在编写计量检测体系的同时，可以把能源计量、制造计量器具或定量包装商品保证能力方面能够相互兼容的要求和活动写入计量检测体系的相关体系文件中，如计量单位使用、资源配备、内审、管理评审等。在进行内审或管理评审时，也可以一并进行。对于各项管理工作不能兼容的特定要求和活动，可以另写文件进行补充和管理。

四、各级计量行政部门计量工作的职责

计量是企业发展的重要技术基础，是企业现代化管理的基本条件，是企业产品质量的重要保证，是企业节能降耗的重要手段，是企业经济核算的重要技术依据。各级计量行政部门应当指导、帮助、监督、服务企业抓好计量工作。

第一，帮助企业根据生产流程、生产特点设计计量检测点，指导其合理配备计量检测设施，完善检测技术手段。

第二，对于没有能力配备技术检测手段的企业，计量行政部门可应企业要求帮助其解决检测问题，在中小型企业集中的地区，可根据其主要产品的构成分布特点，组织建立检测中心，为企业提供检测服务，也可组织有检测能力的其他企业帮助企业进行检测。

第三，为使企业配备的计量检测设备量值准确和使用正确，计量检定机构应主动上门开展检定、校准工作。

第四，组织开展对企业计量人员管理和技术方面的培训。

第五，对法定计量单位的实施、最高计量标准的考核、强制检定计量器具的检定等项内容进行监督检查。

第六，向企业推荐数据管理、计量器具分类管理、标记管理、计算机管理等科学管理方法。

第七，省级计量行政部门负责企业计量检测体系确认工作。在企业自愿的原则下进

行，力求方法简单、重点突出，达到帮助企业实现计量资源优化配置、提高计量管理水平的目的。

第八，省级计量行政部门对中小型企业的工作重点主要是制定政策、组织发动、典型推广、成果总结等宏观指导，具体工作要依靠市级及有能力的县级计量行政部门实施。

第九，各市、县计量行政部门要把计量监督的重点放在计量基础较差的企业和涉及强制检定管理方面。对计量管理基础较好的企业和非强制检定管理方面，主要采取指导、帮助和服务的方式。

第十，联系、表彰、宣传、推广计量管理水平高、收效好的企业，推广它们的计量工作经验。

第四节　计量监督与行政执法

一、计量法律责任

我国计量法律、法规及规章对违反计量法律法规的行为，按照违法的性质和危害程度的不同，设定了相应的刑事、民事、行政法律责任，并在原国家技术监督局制定的《计量违法行为处罚细则》中进行了规定。

（一）《计量法》建立的重要管理制度

《计量法》建立的重要管理制度包括：①实施法定计量单位制度；②计量标准器具考核制度；③计量器具检定制度，计量检定分为强制检定和非强制检定；④制造、修理、进口、使用计量器具的许可管理；⑤计量人员考核制度；⑥计量检定机构的考核监督管理；⑦商品量的计量监督和检验法制监督制度；⑧产品质量检验机构计量认证的法制管理；⑨对计量违法行为实施行政处罚。

（二）计量违法与责任形式

1. 计量违法行为的概念

计量违法是指国家机关、企事业单位以及个人在从事与社会相关的计量活动中，违反计量法律、法规和规章的规定，造成危害社会和他人的有过错的行为。

计量违法作为一种社会现象，是由特定的条件构成的。认定计量违法行为，一般要有以下几个方面的条件：

（1）计量违法是行为人不遵守计量法律、法规和规章的规定，未履行规定的义务，或有违反禁止性规定的行为。计量违法行为一定是计量法律、法规和规章有明文规定的；没有规定的，不能认定违法。

（2）计量违法必须有计量活动方面的行为事实和危害后果，危害后果主要是指破坏国家计量单位制的统一和量值的准确可靠，直接或间接损害国家或他人的利益。

（3）计量违法是行为人主观故意所为或是过失所致。

（4）计量违法行为人是具有法定责任能力的人。

2. 计量法律责任类型

计量法律责任是指违反了计量法律、法规和规章的规定应当承担的法律后果。根据违法情节及造成后果的程度不同，《计量法》规定的法律责任有以下三种：

（1）行政法律责任（包括行政处罚和行政处分）。行政法律责任是指国家行政执法机关对有违法行为而不构成犯罪的一种法律制裁。如：未经国务院计量行政部门批准，进口国务院规定废除的非法定计量单位的计量器具和国务院禁止使用的其他计量器具的，责令其停止进口，没收进口计量器具和全部违法所得，可并处相当其违法所得 10%～50% 的罚款。

（2）民事法律责任。当违法行为构成侵害他人权利，造成财产损失的，则要负民事责任。如：使用不合格的计量器具或破坏计量器具准确度，给国家和消费者造成损失的，要责令其赔偿损失。

（3）刑事法律责任。已构成犯罪，由司法机关处理的，属刑事法律责任。如：制造、修理、销售以欺骗消费者为目的的计量器具，造成人身伤亡或重大财产损失的，伪造、盗用、倒卖检定印、证的，要追究其刑事责任。

3. 计量行政处罚的形式

《计量法》规定，对计量违法行为实施行政处罚，由县级以上地方政府计量行政部门决定。处罚的目的在于制止计量违法行为人继续违法，使其不再犯。计量行政处罚的方式有八种：停止生产，停止制造，停止销售，停止使用，停止营业，没收计量器具，没收违法所得，罚款。

《计量法实施细则》又补充了六种行政处罚形式：责令改正，封存，停止检验，停止出厂，停止进口，吊销营业执照（由工商行政管理部门执行）。

按照《计量违法行为处罚细则》的规定，我国计量违法行政处罚形式归纳为六类：①责令改正；②责令停止生产、制造、营业、出厂、修理、销售、使用、检定、测试、检验、进口；③责令赔偿损失；④吊销证书；⑤没收违法所得、计量器具、残次计量器具零配件及非法检定印、证；⑥罚款。

计量违法的法律责任与法律制裁是基于违法行为而设定的。计量违法行为性质严重、触犯刑律的，由国家司法机关实施刑事制裁；属于民事违法、行政违法行为的，由县级以上地方政府计量行政部门追究其法律责任，予以相应的民事制裁、行政制裁。对于使用不合格计量器具，破坏计量器具准确度或伪造数据，给国家和消费者造成损失的，工商行政管理部门也可予以行政制裁。我国计量法律、法规、规章设定了下列应承担刑事、民事、行政法律责任的计量违法行为。

（三）计量违法行为和法律制裁

1. 应承担刑事法律责任的计量违法行为

（1）制造、修理、销售以欺骗消费者为目的的计量器具，其情节严重构成犯罪的。

（2）使用以欺骗消费者为目的的计量器具，或者破坏计量器具准确度，伪造数据，给国家和消费者造成损失，构成犯罪的。

（3）伪造、盗用、倒卖检定印、证，构成犯罪的。

（4）计量监督管理人员利用职权收受贿赂，徇私舞弊，构成犯罪的。

（5）负责计量器具新产品型式评价的直接责任人员，泄露申请单位提供的技术秘密，构成犯罪的。

（6）计量检定人员违反检定规程，使用未经考核合格的计量标准开展检定；未取得检定人员证件进行检定，出具错误数据或伪造数据，构成犯罪的。

（7）损坏国家计量基准或计量标准，擅自中断、终止检定工作，构成犯罪的。

2. 应承担民事赔偿责任的计量违法行为

（1）规定应承担民事赔偿责任的行为。

第一，负责计量器具新产品型式评价的单位，泄露申请单位提供的技术秘密，应按国家有关规定，赔偿申请单位的损失。

第二，计量检定人员出具错误数据，给送检方造成损失的，由其所在技术机构赔偿损失。

第三，无故拖延强制检定的检定期限，给送检方造成损失的，执行强制检定任务的技术机构应赔偿损失。

（2）规定以"责令赔偿损失"的方式追究其民事责任的行为。

第一，被授权计量检定单位，擅自终止所承担的授权检定工作，给有关单位或个人造成损失的。

第二，未经计量授权，擅自开展检定，给有关单位或个人造成损失的。

第三，使用不合格的计量器具，给国家和消费者造成损失的。

第四，使用以欺骗消费者为目的的计量器具，或者破坏计量器具准确度，伪造数据，给国家和消费者造成损失的。

二、加强计量监督执法，适应市场经济发展需要

计量监督执法工作是质量技术监督行政执法工作中极为重要的组成部分，不仅要对生产领域内的各种计量活动实行监督，同时还担负着流通领域内各种计量行为的监督。计量监督执法是具有较强专业性的技术监督执法工作。

（一）依法行政的基本要求

计量监督执法工作是政府行政执法中的一部分。计量监督执法必须坚持依法行政、合法行政、合理行政、程序正当等行政执法原则。

1. 合法行政

行政机关实施行政执法应当依照法律、法规、规章的规定进行；没有法律、法规、规章的规定，行政机关不得做出影响公民、法人和其他组织合法权益或者增加公民、法人和其他组织义务的决定。

2. 合理行政

行政机关实施行政管理，应当遵循公平、公正的原则。要平等对待行政管理相对人，不偏私，不歧视。行使自由裁量权应当符合法律目的，排除不相关因素的干扰；所采取的措施和手段应当必要、适当；行政机关实施行政管理可以采用多种方式实现行政目的的，应当避免采用损害当事人权益的方式。

3. 程序正当

行政机关实施行政管理，除涉及国家秘密和依法受到保护的商业秘密、个人隐私的以外，应当公开，注意听取公民、法人和其他组织的意见；要严格遵循法定程序，依法保障行政管理相对人、利害关系人的知情权、参与权和救济权。行政机关工作人员履行职责，与行政管理相对人存在利害关系时，应当回避。

4. 高效便民

行政机关实施行政管理，应当遵守法定时限，积极履行法定职责，提高办事效率，提供优质服务，方便公民、法人和其他组织。

5. 诚实守信

行政机关公布的信息应当全面、准确、真实。非因法定事由并经法定程序，行政机关

不得撤销、变更已经生效的行政决定；因国家利益、公共利益或者其他法定事由需要撤回或者变更行政决定的，应当依照法定权限和程序进行，并对行政管理相对人因此而受到的财产损失依法予以补偿。

6. 权责一致

行政机关依法履行经济、社会和文化事务管理职责，要由法律、法规赋予其相应的执法手段。行政机关违法或者不当行使职权，应当依法承担法律责任，实现权利和责任的统一，依法做到执法有保障、有权必有责、用权受监督、违法受追究、侵权须赔偿。

计量监督执法是涉及行业众多、涵盖范围广泛的行政执法工作，涉及贸易结算、安全防护、医疗卫生、环境监测等各社会经济活动领域。计量监督执法是一项专业性很强的工作。它是以计量科学中多学科、多专业的技术手段为基础，以国家相关的法律法规为依据的行政执法工作。如果没有各种计量检测设备提供的准确数据，计量监督执法工作则无法进行。正是这种侧重于技术手段监督的特殊性，才使得计量监督执法工作具有其他任何行政执法手段都无法替代的重要性。

在社会主义市场经济日益发展的今天，加强计量监督执法、维护正常的市场经济秩序是一项利国利民的事情。随着中国社会主义法制的逐步健全和科学技术水平的不断提高，计量监督执法工作也必将面临一些新的问题和新的挑战。因此，计量监督执法人员不仅要加强对国家相关法律法规的学习和理解，还要不断地提高自身的专业素质，以及得到完善的各种高科技手段的保障和支持。只有这样，才能真正地面对新课题和新挑战，使计量监督执法工作在对付高科技手段的违法活动时，立于不败之地，完成国家赋予的使命。

（二）加强计量监督执法应注意的四个问题

1. 严格执法程序

计量行政执法工作程序性很强。有极少数人在执法过程中，不按程序办事，不按律条行事，定案经不起推敲，案卷经不起检验，结案不能应诉。一遇上诉，四处补笔录、补证据、补材料、补报告，程序违法由胜诉变败诉，正义没有得到伸张，法律得不到执行。因此，首先必须严格执法程序。程序合法是执法公正的保证，没有程序的公正，就没有处理的公正。程序不公本身就反映了行政不正，因此，计量执法人员必须持证上岗，亮证执法，按程序办事，严格审批手续。

2. 提倡文明执法

计量执法要依据法律法规，用科学的计量技术手段、准确可靠的科学数据来履行公务，规范公民行为，维持国家经济秩序，惩处计量违法行为，保护国家和人民的利益。技术监督部门在执法中要树立科学、公正、廉洁、高效的形象。

文明执法应做到以法论事、以理服人。查，要有根有据；看，要看得认真仔细；讲，要讲得有理有法；写，要写得清楚明白。让行政相对人心服口服，真心配合。执法的同时也是宣传《计量法》的过程，通过案件查处让《计量法》更加普及，更加深入人心。如哪些属于强制检定计量器具，哪些属于不合格计量器具，哪些属于非法定计量单位，哪些属于非法量传，计量违法应承担哪些法律责任等，对一些基本法律概念应做解释和宣传，让更多的人知法、守法。

3. 坚持依法行政

计量执法的工作原则是有法可依、有法必依、执法必严、违法必究。极个别地方我行我素，不依法行政，不按国家规定办事，给计量执法人员下达处罚经济指标等。其结果会出现有法不依、执法不严、办案不公、执法不廉，有损党和政府的形象。

4. 增强服务意识

计量行政部门既是执法部门也是服务部门，全心全意为人民服务是计量立法的宗旨。服务于企业、服务于民众、服务于社会贯穿于计量执法全过程。如实施强制检定是为确保用于贸易结算、医疗卫生、环境监测、安全防护四个方面的计量器具量值准确可靠，确保计量标准器具量值准确无误。执法是手段，服务是宗旨；规范计量行为，确保量制统一、量值准确可靠才是目的。多年的实践证明，宣传《计量法》深入、服务到位的地方，互相配合密切，相互理解支持，执法环境良好。计量执法者只有发扬公仆精神，才能将计量违法事件降到最低限度。

（三）加强计量监督执法应提高的五种能力

随着市场经济的发展，对计量监督执法的要求也越来越高。严格按照有关法律法规规范自己的行政执法活动，关系到计量事业发展的大局。作为计量执法人员，为适应计量工作的更高要求，在工作实践中应不断地努力提高以下五种能力：

1. 做思想工作的能力

计量执法工作针对的是事，面对的却是人。而人是有思想的，一个人的每一个行为都是由思想而产生的，都有其思想根源，所以，在执法的过程中注重做好相对人的思想工作就显得尤为重要。《中华人民共和国行政处罚法》第五条明确规定，"实施行政处罚，纠正违法行为，应当坚持处罚与教育相结合，教育公民、法人或者其他组织自觉守法"。可见，做好相对人的思想工作也是《中华人民共和国行政处罚法》所要求的。在执法过程中，要让相对人知道法律规定，认清违法行为的危害，明确什么可以做、什么不可以做，要让其心服口服，不能简单地一罚了之。若只重视处罚，而忽视思想教育工作，是很难达到执法目的的。相对人的不明白，只会增加相对人对行政执法的不理解，有时甚至会增加相对人的抵触情绪，不仅影响执法人员在人民群众中的形象，而且也不利于下一步工作的开展。由此可见，做好一人一事的思想工作是对计量执法人员的基本要求，是实施法律、法规和规章的最有效保障，是促使人们加深对法的理解从而自觉守法的有力武器。

2. 应对复杂局面的能力

在执法实践中，特别是在执行重大任务、遇上群众围观，甚至是暴力抗法等较为复杂的情况下，应对不力、处理不好，都会影响执法人员的执法形象，使法律尊严受到损害，甚至会出现更为复杂的局面。执法人员要有掌握全局、控制局面，让事态向有利于执法工作发展的能力。

应对复杂局面要把握好三条：①执行一个根本，是依法执法、严格执法，维护法律的尊严，但作为执法人员应注意的是千万不能违法；②坚持一条原则，是避免激化矛盾，防止事态扩大，不能因为执法而出更大的乱子，不能越管越糟；③把握一个关键，是保护自己、维护形象、灵活处置，在外执法应防止恋战，适时脱身。在执行重大任务的过程中，要在充分理解上级意图的基础上，搞好调查研究，制订计划方案，做好宣传发动，搞好团结协作，充分调动各方面的积极因素。在遇到群众围观的情况时，先看清形势：若围观者只是为了看热闹，就要做好宣传教育，以达到处罚一个教育一片的目的；若是故意找事，就要只对当事人，速战速决。

3. 处理应急事件的能力

所谓应急事件，是指在不知情、无法预测的情况下，所发生的不该发生的、破坏性的事件，如相对人心脏病发作、精神病发作，或者情急情况下，由于相对人的慌乱而使其本人受到伤害等情况，都是不知情和无法预测的。虽然这种情况很少发生，但也很难杜绝。应对和处理这样的情况应做到两点：①预防，要提高思想认识，时刻绷紧这根弦，要不断提高这方面的洞察力和敏锐性；②保存好证据，严格依照法律程序办事，保存好相关证据。

4. 针对不同对象严格执法的能力

在计量执法实践中，会遇到各种各样的行政相对人，有素质高的，有素质低的；有做大生意的，有做小买卖的；有老的，有年轻的；有本地的，有外地的；有汉族的；有少数民族的；有正常人，有残疾人；等等，这就要求执法人员具有针对不同对象区别对待的能力。对于素质低下、蛮不讲理、胡搅蛮缠的，要有对付不讲理的办法。首先证据要确凿充分，其次是有法必依、违法必究，让其在法律和事实面前心服口服。对于少数民族人士，要尊重民族政策、维护民族团结，既要维护少数民族人士的利益，又要维护法律的尊严。

5. 依法执法的能力

以上所有的能力素质，最终要归结到依法执法上。所谓依法执法，就是依照法律严格执法、秉公执法、文明执法。作为执法者，既是护法的使者，又是守法的模范。在执法的实践中要注意两点：一是要严格执法，维护法律的尊严；二是维护相对人的合法权益和正当利益。二者都不能走偏。

参考文献

[1] 陈立新. 信息计量学：理论探索与案例研究 ［M］. 北京：科学技术文献出版社，2017.

[2] 肖明. 网络计量学 ［M］. 北京：北京师范大学出版社，2017.

[3] 文庭孝. 计量学研究丛书：专利信息计量学 ［M］. 北京：科学出版社，2017.

[4] 刘细文，李宁. 科技政策研究之科学计量学方法 ［M］. 北京：科学出版社，2017.

[5] 刘玉成. 计量经济学实验与案例分析 ［M］. 武汉：华中科技大学出版社，2017.

[6] 干宏程. 出行行为分析的高级计量经济学方法和应用 ［M］. 上海：同济大学出版社，2017.

[7] 刘海涛. 计量语言学导论 ［M］. 北京：商务印书馆，2017.

[8] 张功铭，赵复真，刘娜. 比率计量学理论与实践 ［M］. 北京：中国质检出版社，2018.

[9] 卜雄洙，朱丽，吴键. 计量学基础 ［M］. 北京：清华大学出版社，2018.

[10] 席仲恩. 语言测试中的计量学原理 ［M］. 北京：社会科学文献出版社，2018.

[11] 刘俊婉. 杰出科学家的创造力特性·基于科学计量学的研究 ［M］. 北京：科学出版社，2018.

[12] 徐虹玉. 会计计量：小样本推断与宏微观风险管理 ［M］. 成都：四川大学出版社，2018.

[13] 李柏林，代素娟. 中国石化员工培训教材：成品油计量与管理 ［M］. 北京：中国石化出版社，2019.

[14] 陆渭林. 计量技术与管理工作指南 ［M］. 北京：机械工业出版社，2019.

[15] 邱均平. 信息计量学概论 ［M］. 武汉：武汉大学出版社，2019.

[16] 余厚强. 替代计量学 ［M］. 北京：科学技术文献出版社，2019.

[17] 吕瑞花，常欢，席仕佳. 基于文献计量学的科学家学术谱系研究 ［M］. 北京：中国科学技术出版社，2019.

[18] 杨思洛. 替代计量学 ［M］. 北京：科学出版社，2019.

[19] 邱均平. 文献计量学：第 2 版 ［M］. 北京：科学出版社，2019.

[20] 周爱民. 金融计量学基础 ［M］. 北京：高等教育出版社，2019.

[21] 唐勇，朱鹏飞. 数量经济学系列丛书：金融计量学：第 2 版 ［M］. 北京：清华大学

出版社，2019.

[22] 倪宣明. 金融计量学导论［M］. 北京：企业管理出版社，2020.

[23] 吕明华，张翼，于建春. 计量经济学［M］. 北京：中国商业出版社，2020.

[24] 杨智峰. 计量经济学：第2版［M］. 上海：立信会计出版社，2020.

[25] 叶阿忠. 高级计量经济学［M］. 厦门：厦门大学出版社，2020.

[26] 赵红丽，张刚. 经济学视角下员工行为的计量分析研究［M］. 成都：电子科技大学出版社，2020.

[27] 王疆瑛. 功能材料计量与质量管理［M］. 北京：中国铁道出版社，2021.

[28] 吴汉美，邓芮. 高等教育工程管理和工程造价专业系列教材：安装工程计量与计价［M］. 重庆：重庆大学出版社，2021.

[29] 缪言. 结构宏观计量经济学模型的识别研究［M］. 天津：南开大学出版社，2021.

[30] 王斌会. 应用统计学丛书：计量经济学时间序列模型及Python应用［M］. 广州：暨南大学出版社，2021.

[31] 张越. 计量器具溯源周期的确定方法［J］. 工业计量，2022，32（05）：04.

[32] 张帅. 计量器具型式批准管理系统的分析与设计［D］. 济南：山东大学，2011：03.

[33] 魏本海，刘国川，马楠，等. 计量实验室质量体系管理方法及研究［J］. 大众标准化，2022（15）：02.

[34] 曹骞，胡洁，李爱群. 关于法定计量检定机构考核工作中的体会［J］. 价值工程，2020，39（06）：28-29.

[35] 何海静，孙瑛，孟宪增. 计量在企业中的基础作用［J］. 企业标准化，2008（Z3）：23.

[36] 沈建国. 云计算技术在数据处理中的应用［J］. 无线互联科技，2022，19（13）：129.

[37] 沈洋，王宿嘉. 浅谈企业计量工作的模式探索与创新［J］. 中国新技术新产品，2015（23）：158.

[38] 翁永基. 腐蚀预测和计量学基础［J］. 中国腐蚀与防护学报，2011，31（04）：245-249.

[39] 薛新法. 再接再厉 为统一计量单位制再立新功［J］. 中国计量，2016（01）：28.

[40] 高维胜，羊衍富. 测量不确定度评定方法及应用分析［J］. 机电元件，2022，42（05）：44-46.

[41] 刘丹. 量值传递和量值溯源的实施［J］. 设备管理与维修，2019（24）：24-26.

[42] 吴珊珊，张金光. 计量管理在计量工作中的作用［J］. 黑龙江科技信息，2016（22）：282.

［43］张中杰，郭名芳，王阳阳，等. 计量技术机构信息化发展探析［J］. 中国计量，2021（12）：45-47.

［44］胡珊，李程. 企业计量器具的分类管理研究［J］. 吉林广播电视大学学报，2022（04）：45.